河北省科普专项项目（编号 23551802E）

走进机器人世界

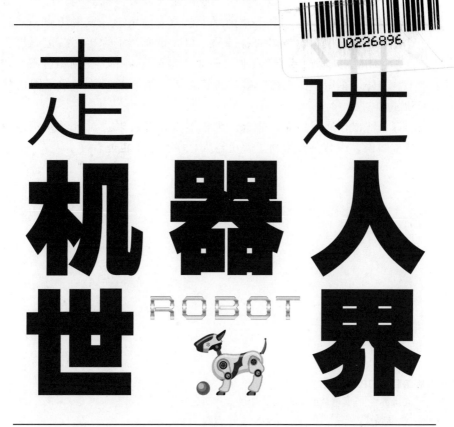

ROBOT

形形色色的机器人

李文忠 等著

化学工业出版社
·北京·

内 容 简 介

本书对机器人的基本知识，以及常见的工业机器人、服务机器人、特种机器人等做了较全面的介绍。全书共分为 6 章，第 1 章介绍了机器人的概念、发展历史、基本组成、分类等，第 2 章介绍了组成机器人身体的各部分，第 3 章介绍了焊接、搬运码垛、喷涂等多种常用的工业机器人，第 4 章介绍了农业、矿业、建筑、医用、家用服务等机器人，第 5 章介绍了水下、安防、军用、深空探测等特种机器人，第 6 章简要介绍了国内外著名工业机器人品牌和公司。

本书内容深入浅出，通俗易懂，适合广大机器人爱好者以及对机器人感兴趣的读者学习机器人的基本知识，作为科普读物了解机器人，中小学生也能看懂。

图书在版编目（CIP）数据

走进机器人世界：形形色色的机器人 / 李文忠等著.
北京：化学工业出版社，2024. 10. -- ISBN 978-7-122-
46096-7

Ⅰ. TP242

中国国家版本馆 CIP 数据核字第 2024GG7318 号

责任编辑：黄　滢　　　　　　装帧设计：王晓宇
责任校对：赵懿桐

出版发行：化学工业出版社
　　　　　（北京市东城区青年湖南街 13 号　邮政编码 100011）
印　　刷：北京云浩印刷有限责任公司
装　　订：三河市振勇印装有限公司
787mm×1092mm　1/16　印张 13　字数 296 千字
2024 年 10 月北京第 1 版第 1 次印刷

购书咨询：010-64518888　　　　售后服务：010-64518899
网　　址：http://www.cip.com.cn
凡购买本书，如有缺损质量问题，本社销售中心负责调换。

定　　价：60.00 元　　　　　　版权所有　违者必究

 前言

当前，机器人+制造业、机器人+农业、机器人+医疗健康、机器人+养老服务、机器人+教育、机器人+安全应急和极限环境应用等蓬勃发展，正极大改变着人们的生产和生活方式，为社会发展注入强劲动能。机器人技术作为人类 20 世纪最伟大的发明之一，被誉为"制造业皇冠顶端的明珠"，其研发、制造、应用是衡量一个国家科技创新和高端制造业水平的重要标志。当前，新一轮科技革命和产业变革加速演进，新一代信息技术、生物技术、新能源、新材料等与机器人技术深度融合，机器人产业迎来升级换代、跨越发展的窗口期。面对新形势、新要求，未来一段时间，是我国机器人产业自立自强、换代跨越的战略机遇期。我们必须抢抓机遇，直面挑战，加快解决技术积累不足、产业基础薄弱、高端供给缺乏等问题，推动机器人产业迈向高端。《"十四五"机器人产业发展规划》提出，到 2025 年，我国成为全球机器人技术创新策源地、高端制造集聚地和集成应用新高地；到 2035 年，我国机器人产业综合实力达到国际领先水平，机器人成为经济发展、人们生活、社会治理的重要组成。

从工厂车间的工业机器人到农业生产机器人，从家用服务机器人到抢险救援机器人，再到深空探测机器人，机器人已在生产生活中逐渐得到推广应用，对各行各业的发展起到了巨大的推动作用。然而，机器人技术毕竟发展历史不长，普通群众接触机器人的机会很少，还比较陌生，对其没有深入的了解。

本书致力于向全社会普及机器人知识，促进人们对机器人的了解，开阔视野，激发人们研究与应用机器人的热情。全书内容主要包括机器人的概念、基本组成、发展历史和种类以及组成机器人身体的各部分，并详细介绍了工业机器人、服务机器人、特种机器人的各种不同类型，简要介绍了国内外著名工业机器人品牌和公司等。以通俗易懂的语言和大量的图片，为读者揭开机器人的神秘面纱，通过图文并茂的事例启迪读者体会机器人对于人们生产生活的重要性。

本书作为一本科普读物，目的在于弘扬科学精神，普及科学知识，向群众宣讲科技知识、科技政策，在参与和体验科技中感受到科学世界的乐趣，在主动探索、发现的过程中获得科学的启蒙，激发大家崇尚科学、探索未知、敢于创新的热情，让"热爱科学、崇尚科学"的科普理念深入每个人心中，为社会营造热爱科学、崇尚科学的良好氛围。

本书由河北科技大学李文忠、蔡建军、冯运合作完成，在编写过程中，得到了河北科技大学黄风山教授和张付祥教授的大力支持；在搜集写作素材过程中，得到了范昶、马子素、赵伯健、和鹏辉、李子函等同学的大力帮助。此外，还参考并引用了一些关于机器人方面的文献资料，在此一并表示衷心感谢。机器人技术发展至今，出现的机器人种类何止千万，本书介绍的只是作者所了解的有限几种，可能会挂一漏万，不求包罗万象，只为抛砖引玉。

由于作者水平有限，书中难免存在诸多不足及疏漏，恳请广大读者批评指正。

本书由河北省科普专项项目（项目编号：23551802K）资助完成，在此致以特别感谢！

作　者

Contents

目录

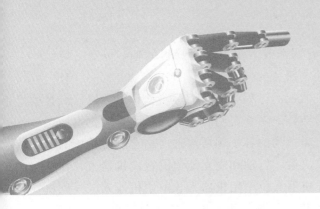

第1章

了解机器人

随着科技的进步，机器人的时代到来。从工业生产到农业种植，从医疗卫生到家庭服务，从深海探测到太空探险，到处都是机器人的身影，它正成为人类非常亲密的伙伴，代替人类完成很多工作，扮演着不可或缺的角色。人类自古以来就幻想着有一种类似人的机器，能代替人类完成繁重的工作，为此，几千年来进行了无数的探索。直到现代机器人的产生，它才真正能够为人类服务，给人类带来巨大的帮助，它正对人类的生产生活的方方面面产生着影响，这是人类20世纪伟大的发明之一。

1.1 什么是机器人

对于机器人，大家脑海中立刻出现的很可能是科幻电影中那些具有人的形状、拥有高级智慧、四肢健壮、能力超强的形象，例如变形金刚、机械战警。但是，现实中远远不是这么简单。

关于什么是机器人这个问题，至今仍然没有统一的定义，在各领域存在不同的说法。其原因之一是随着机器人技术的发展，新的机型、新的功能不断涌现，应用领域不断扩展，机器人的定义也不断被充实和创新，所涵盖的内容越来越丰富。但最根本的原因还是机器人涉及了人的概念，成为一个难以回答的哲学问题。

1920年，捷克作家卡雷尔·卡佩克发表了科幻剧本《罗萨姆的万能机器人》。剧本中的主角是一种名为"robota"（捷克语"农奴"的意思）的劳作机器，外形酷似人类，"robota"在拥有了独立灵魂后消灭了人类。在剧本中，卡佩克把捷克语"robota"写成了"robot"，这个被认为是机器人专有英文名词的起源。

鉴于小说中机器人对人类的危害，为了防止机器人伤害人类，科幻作家阿西莫夫于1940年在其小说《我是机器人》中提出了著名的"机器人三原则"：

① 机器人不应伤害人类；

② 机器人应遵守人类的命令，与第一条违背的命令除外；

③ 机器人应能保护自己，与第一条相抵触者除外。

这是给机器人赋予的伦理性纲领。机器人学术界一直将这三原则作为机器人开发的准则。

我国国家标准对机器人的定义是："具有两个或两个以上可编程的轴，以及一定程度的自主能力，可在其环境内运动以执行预定任务的执行机构"（GB/T 36530—2018）。在研究和开发未知及不确定环境下作业的机器人的过程中，人们逐步认识到，机器人技术的本质是感知、决策、行动和交互技术的结合。随着人们对机器人技术智能化本质认识的加深，机器人技术开始源源不断地向人类活动的各个领域渗透。结合这些领域的应用特点，人们开发了各式各样的具有感知、决策、行动和交互能力的智能机器人，如移动机器人、微型机器人、水下机器人、医疗机器人、军用机器人、空中机器人、娱乐机器人等。发展到现在，机器人已不仅仅是替代人类进行重复的、危险的、繁重的工作，更是可以在家庭服务、娱乐、医疗等方面给人们提供智能化的帮助。大部分机器人从外观上已经具有各种形状，更加符合不同应用领域的特殊要求，其功能和智能程度也大大增强，从而为机器人技术开辟出更加广阔的发展空间。

综上所述，有了一个大家比较认可的定义：机器人（robot）是一种能够半自主或全自主工作的智能机器，能够通过编程和自动控制来执行诸如作业或移动等任务。这包括一切模拟人类或其他动物的机械，比如机器狗、机器鱼等。甚至，有些计算机程序也被称为机器人，比如搜索引擎机器人、QQ群管家机器人等。

1.2 机器人的发展

1.2.1 古代机器人

人类对机器人的幻想与追求已有几千年的历史，一直希望制造一种像人一样的机器，以代替人类完成各种烦琐而劳累的工作。

据《列子·汤问》记载，西周时期的能工巧匠偃师就研制出了能歌善舞的伶人，这可以说是我国最早记载的机器人。

春秋后期，我国著名的木匠鲁班在机械方面也是一位发明家。据《墨经》记载，他曾制造过一只木鸟，能在空中飞行"三日不下"，体现了我国劳动人民的聪明智慧，这可称得上是世界上第一个空中机器人。

公元前3世纪，古希腊发明家戴达罗斯用青铜为克里特岛国王迈诺斯塑造了一个守卫宝岛的青铜卫士塔罗斯。公元前2世纪，亚历山大时代的古希腊人发明了一个机器人，它是以水、空气和蒸汽压力为动力的会动的雕像，可以自己开门，还可以借助蒸汽唱歌。

我国东汉时期的大科学家张衡不仅发明了地动仪，而且发明了计里鼓车。《古今注》记载："车上为二层，皆有木人，行一里下层击鼓，行十里上层击镯（古代一种小钟）。"后汉三国时期，蜀汉丞相诸葛亮成功地创造出"木牛流马"，并用其运送军粮支援前方战争。

据《隋书》记载：隋炀帝杨广登基前就和文士柳抃是好友，登基之后，关系更好了，总想时刻相伴。但是大半夜把柳抃召进宫总不妥当，于是杨广命工匠照柳抃的模样做了一个木偶，装上机关，木偶能坐能站，还会磕头。杨广兴致来了的时候，就和这个木偶月下对饮欢笑。

达·芬奇在手稿中绘制了西方文明世界的第一款人形机器人，它用齿轮作为驱动装置，由此通过两个机械杆的齿轮与胸部的一个圆盘齿轮咬合，机器人的胳膊就可以挥舞，可以坐或者站立。更绝的是，再通过一个传动杆与头部相连，头部就可以转动甚至开合下颌。而一旦配备了自动鼓装置后，这个机器人甚至可以发出声音。后来，一群意大利工程师根据达·芬奇留下的草图苦苦揣摩，耗时15年造出了被称作"机器武士"的机器人。

1738年，法国天才技师杰克·戴·瓦克逊发明了一只机器鸭，它会"嘎嘎"叫，会游泳和喝水，还会进食和排泄。瓦克逊的本意是想把生物的功能加以机械化而进行医学上的分析。

在当时的自动玩偶中，最杰出的是瑞士的钟表匠杰克·道罗斯和他的儿子利·路易·道罗斯创造的自动玩偶。他们创造的自动玩偶是利用齿轮和发条原理而制成的。1773年，他们连续推出了自动书写玩偶、自动演奏玩偶等。它们有的拿着画笔和颜料绘画，有的拿着鹅毛蘸墨水写字，结构巧妙，服装华丽，在欧洲风靡一时。由于当时技术条件的限制，这些玩偶其实是身高1米左右的巨型玩具。现在保留下来的最早的机器人是瑞士努萨蒂尔历史博物馆里的少女玩偶，它制作于二百年前，两只手的十个手指可以按动风琴的琴键而弹奏音乐，并且现在还能定期演奏供参观者欣赏，展示了古代人的智慧。

19世纪中叶，自动玩偶分为两个流派，即科学幻想派和机械制作派，并各自在文学艺术和近代技术中找到了自己的位置。1831年，歌德发表了《浮士德》，塑造了人造人"荷蒙克鲁斯"；1870年，霍夫曼出版了以自动玩偶为主角的作品《葛蓓莉娅》；1883年，科洛迪的《木偶奇遇记》问世；1886年，《未来夏娃》问世。在机械实物制造方面，摩尔于1893年制造了"蒸汽人"，靠蒸汽驱动双腿沿圆周走动。

进入20世纪后期，机器人的研究与开发得到了更多人的关心与支持，一些实用化的机器人相继问世。1927年，美国西屋公司工程师温兹利制造了第一个机器人"电报箱"，并在纽约举行的世界博览会上展出，它是一个电动机器人，装有无线电发报机，可以回答一些问题，但该机器人不能走动。

1939年，美国纽约世博会上展出了西屋电气公司制造的家用机器人Elektro（图1-1），它由电缆供电，可以行走，会说77个字，甚至可以抽烟。虽然离真正干家务还差得远，但它让人们对机器人的认识变得更加具体。

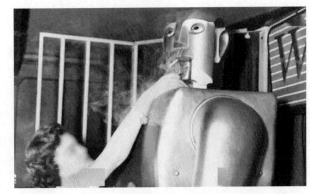

图1-1　家用机器人Elektro

1.2.2　现代机器人

　　现代机器人的研究始于 20 世纪中期，随着计算机和自动化技术的发展，以工业生产为应用场景的工业机器人开始出现。自 1946 年第一台数字电子计算机问世以来，计算机取得了惊人的进步，并向高速度、大容量、低价格的方向发展。一方面，大批量生产的迫切需求推动了自动化技术的进展，其结果之一便是 1952 年数控机床的诞生。与数控机床相关的控制、机械零件的研究，又为机器人的开发奠定了基础。另一方面，原子能实验室的恶劣环境要求某些操作机械代替人类处理放射性物质。在这一需求背景下，美国原子能委员会的阿尔贡研究所于 1947 年开发了遥控机械手，1948 年又开发了机械式的主从机械手。

　　1954 年，美国人乔治·德沃尔（George Devol）制造出世界上第一台可编程的机器人（即世界上第一台真正的机器人），并注册了专利。这种机器人能按照不同的程序从事不同的工作，因此具有通用性和灵活性。1959 年，乔治·德沃尔和美国发明家约瑟夫·恩格尔伯格（Joseph Engelberger）制造出世界上第一台工业机器人 "Unimate"（汉语音译名为"尤尼梅特"），如图 1-2 所示。这个机器人外形像坦克炮塔，在方形底座上有一个大机械臂，大机械臂可绕立轴在基座上转动，绕横轴在基座上俯仰，大机械臂上又伸出一个小机械臂，它相对大机械臂可以伸出或缩回。小机械臂前端有一个手腕，可绕小机械臂转动，进行俯仰和侧摇摆。腕前端是手，用于抓取物体。这个机器人的功能和人的手臂功能相似。"Unimate"机器人是一种球坐标机器人，它由 5 个关节串联组成，通过液压驱动，可完成近 200 种示教再现动作。第一台工业机器人的诞生，开创了机器人发展的新纪元。

图 1-2　世界上第一台工业机器人 "Unimate"

　　1961 年，"Unimate"正式在通用公司完成安装，辅助汽车生产，用于将铸造的汽车门把手等热的铸件放入冷却池中，从而将工人从恶劣的工作环境中解放出来。"Unimate"看似笨重的矩形机身，巨大的底座上连接着一根机械臂的外观与人们想象中的"机器人"实在差得太多。这台工业机器人的诞生似乎就在告诉大家：机器人并不一定要长得像人。

　　随后，世界上第一家机器人制造工厂——Unimation 公司成立。由于恩格尔伯格对工业机器人的研发和宣传，他也被称为"工业机器人之父"。

　　1962 年，美国机械与铸造公司（American Machine and Foundry，AMF）生产出"Versatran"（意思是万能搬运），如图 1-3 所示，这是第一台圆柱坐标机器人，用于机器之间的物料搬运，机器人手臂可以沿垂直方向升降，绕立轴回转，也可以沿半径方向伸缩，手臂前端为手爪。同一年，6 台"Versatran"搬运机器人被应用于美国坎顿（Canton）的福特汽车制造厂。该机器人也与"Unimate"一样成为真正商业化的工业机器人，并出口到世界各国，掀起了全世界对机器人和机器人研究的热潮。

因此，一般认为"Unimate"和"Versatran"机器人是世界上最早的工业机器人。这些工业机器人的控制方式与数控机床大致相似，但外形特征迥异，主要由类似人的手和臂组成。

最初的工业机器人构造相对比较简单，所完成的功能也只是捡拾汽车零件并放置到传送带上等简单的任务，对其他的作业环境并没有交互的能力，只是按照预定的基本程序精确地完成同一重复动作。"Unimate"的应用虽然是简单的重复操作，但展示了工业机械化的美好前景，也为工业机器人的蓬勃发展拉开了序幕。自此，在工业生产领域，很多繁重、重复或者毫无意义的流程性作业就可以由工业机器人来代替人类完成。

图 1-3　"Versatran"工业机器人

20 世纪 60 年代，工业机器人发展迎来黎明期，机器人的功能得到了进一步的发展。传感器的应用提高了机器人的可操作性，包括恩斯特采用的触觉传感器；托莫维奇和博尼在世界上最早的"灵巧手"上用到了压力传感器；麦卡锡对机器人加入视觉传感系统，并帮助麻省理工学院推出了世界上第一个机器人系统。此外，利用声纳系统、光电管等技术，工业机器人可以通过环境识别来校正自己的准确位置。

自 20 世纪 60 年代中期开始，美国麻省理工学院、斯坦福大学、英国爱丁堡大学等陆续成立了机器人实验室。美国兴起研究第二代带传感器的、"有感觉"的机器人，并向人工智能进发。

1965 年，麻省理工学院的 Robots 演示了第一个具有视觉传感器的、能识别与定位简单积木的机器人系统。1967 年，日本成立了人工手研究会（现改名为仿生机构研究会），同年召开了日本首届机器人学术会。

1968 年，美国斯坦福研究所研发成功机器人 Shakey（图 1-4），它带有视觉传感器，能根据人的指令发现并抓取积木，具有类似人在某种功能的感觉，比如力觉、触觉、听觉，来判断力的大小和滑动的情况。不过控制它的计算机有一个房间那么大。Shakey可以算是世界第一台智能机器人，拉开了第三代机器人研发的序幕。

1969 年，日本早稻田大学加藤一郎实验室研发出第一台以双脚走路的机器人。加藤一郎长期致力于研究仿人机器人，被誉为"仿人机器人之父"。日本专家一向以研发仿人机器人和娱乐机器人的技术见长，后来更进一步，催生出本田公司的 ASIMO 机器人和索尼公司的 QRIO 机器人。

1973 年，辛辛那提·米拉克隆公司的理查德·豪恩制造了第一台由小型计算机控制的工业机器人，它由液压驱动，能提升的有效负载达 45 千克。

20 世纪 70 年代末，由美国 Unimation 公司推出的 PUMA 系列机器人，为多关节、

图 1-4　机器人 Shakey

全电动、多 CPU 二级计算机控制，有专用 VAL（value action language）语言和视觉、力觉传感器，这标志着工业机器人技术已经完全成熟。PUMA 系列机器人至今仍然工作在工厂第一线。

到了 1980 年，工业机器人才真正在日本普及，随后，工业机器人在日本得到了巨大发展，日本也因此而赢得了"机器人王国"的美称。20 世纪 80 年代，随着制造业的发展，机器人进入了普及期，使工业机器人在发达国家走向普及，并向高速、高精度、轻量化、成套系列化和智能化发展，以满足多品种、小批量的需要。

1984 年，恩格尔伯格又研制出机器人 Helpmate，这种机器人能在医院里为病人送饭、送药、送邮件。同年，他还预言："我要让机器人擦地板、做饭，出去帮我洗车、检查安全"。

随着工业机器人的日益发展，1987 年，国际标准化组织对工业机器人进行了定义："工业机器人是一种具有自动控制的操作和移动功能，能完成各种作业的可编程操作机。"

1989 年，由麻省理工学院的研究人员制造的六足机器人 Genghis（成吉思汗），如图 1-5 所示，被认为是现代历史上最重要的机器人之一。它有 12 个伺服电机和 22 个传感器，可以穿越多岩石的地形。其不仅体积小，材料便宜，而且缩短了未来空间机器人的生产时间和设计成本。

到了 20 世纪 90 年代，随着计算机技术、智能技术的进步和发展，第二代具有一定感觉功能的机器人已经实用化并开始推广，具有视觉、触觉、高灵巧手指、能行走的第三代智能机器人相继出现并开始走向应用。

1998 年，丹麦乐高公司推出机器人（Mind-storms）套件，让机器人制造变得与搭积木一样，相对简单又能任意拼装，使机器人开始走入个人世界。

1999 年，日本索尼公司推出第一代机器狗——爱宝（AIBO），它能够自由地在房间里走动，并且能够对有限的一组命令做出反应，从此娱乐机器人开始迈进普通家庭。

图 1-5　六足机器人 Genghis

2002 年，美国 iRobot 公司推出了吸尘器机器人 Roomba，它能避开障碍，自动设计行进路线，还能在电量不足时自动驶向充电座。Roomba 是目前世界上销量最大、最商业化的家用机器人。

2005 年，波士顿动力公司与福斯特米勒（Foster Miller）、喷气推进实验室和哈佛大学合作研发了一款四足机器狗——波士顿动力狗，或称"BigDog（大狗）"，如图 1-6 所示。BigDog 使用四条腿进行运动，可以在难以通行的复杂地形移动穿越，其身体上有 50 个传感器。BigDog 被称为"世界上最雄心勃勃的腿式机器人"，它可以携带 150 千克负重，以 6.4 千米/时的速度，与士兵一起，在 35 度的斜坡上穿越崎岖的地形。

2011 年，IBM 研发的人工智能系统——沃森机器人参加美国著名智力问答竞赛节目《危险边缘》，使用自然语言来回答问题，最终打败了最高奖金得主布拉德·鲁特尔和连胜纪录保持者肯·詹宁斯。经过各种训练学习，沃森开始涉足医疗健康、教育、金融、保险、市场营销、人力资源等多个领域。

2014 年 6 月 7 日，俄罗斯机器人"尤金·古斯特曼"首次通过图灵测试，成为世界首个通过该测试的人工智能机器人。

2015 年，在加利福尼亚大学伯克利分校的一个实验室里，人形机器人 Brett 教会自己做儿童拼图游戏（图 1-7），如把钉子塞进不同形状的洞里。Brett 机器人利用基于神经网络深度学习算法，以试错方式主动学习。例如，对于组装玩具，机器人会不停尝试，直至它清楚组装的原理。理论上，这机器人不需要再依赖人工更新，而是提供足够时间让它学习即可。

图 1-6　四足机器狗——波士顿动力狗

图 1-7　人形机器人 Brett

2016 年 3 月，阿尔法狗（AlphaGo）打败围棋世界冠军、职业九段棋手李世石，成为第一个战胜人类围棋世界冠军的人工智能机器人。2017 年 5 月，AlphaGo 再次战胜围棋世界冠军柯洁。AlphaGo 象征着计算机技术已进入人工智能的新信息技术时代，证明了机器可以模仿人脑神经网络的学习、判断和决策能力。

2017 年 6 月 7 日，在中国，高考机器人"AI-MATHS"严格按照断网、断库、小样本训练的类人智能答题条件首次成功通过高考测试，这也标志着中国占领了推理智能战略高地，是中国人工智能技术的里程碑。

2017 年 10 月，由汉森机器人公司（Hanson Robotics）制造的机器人索菲亚（Sophia）获得沙特阿拉伯公民身份，成为第一个获得国家公民身份的机器人。次月，联合国开发署将"创新大赛冠军"颁发给索菲亚。索菲亚的人工智能是基于云的，可以进行深入的学习，它可以识别和复制各种各样的人类面部表情。

2019 年，麻省理工学院推出 Cheetah（猎豹）机器人，它具有四条有力的腿，可以在不平坦的地面上小跑，速度大约是普通人步行速度的 2 倍，它的体重只有 20 磅（1磅＝0.45 千克），当它被踢倒在地时，能通过手肘快速摆动撑地，很快重新站起，最令人印象深刻的是，它能够以站姿进行 360 度的后空翻。

2021 年，据《科技日报》报道，美国的研究团队创造了一种有史以来首次可以自我繁殖的异形机器人（Xenobots 3.0），《美国国家科学院院刊》发表了这一研究结果。

2022 年 9 月，美国康奈尔大学的研究人员在 100～250 微米大小的太阳能机器人上安装了电子"大脑"，这个机器人比蚂蚁头还小，这样它们就可以在不受外部控制的情况下自主行走。这项创新为新一代微型设备奠定了基础，这些设备可以跟踪细菌、嗅出化学物质、摧毁污染物、进行显微手术并清除动脉中的斑块。该研究成果发表在 2022年 9 月 21 日的《科学·机器人》杂志上。

2023 年 7 月，联合国在瑞士日内瓦召开了"人工智能向善（AI for Good）"全球峰会，峰会期间举办了全球首个由机器人主导和参加的新闻发布会。9 位人形机器人站在台前，自如地与记者互动，讨论了关于人工智能技术的未来、发展方向、监管问题以及如何建立人机之间的信任。这不仅是对技术问题的回答，更是一次震撼的展示，在人工智能技术的加持下，机器人不再是单纯地执行预定程序的机械设备，而是具有了自主学习和决策能力的智能机器人。

近几年，人工智能技术成为风口，人形机器人终于有了"大脑"，又"火"了起来。据高盛公司预测，到 2035 年，人形机器人市场规模或将达到 1540 亿美元，成为继智能驾驶电动汽车后的又一 AI 落地场景。

在特斯拉的股东大会上，马斯克提出了一个大胆的设想："一个自然人或许都需要拥有两个人形机器人。未来，全球的人形机器人数量有望达到 100 亿～200 亿个。"

2021 年 8 月，马斯克在特斯拉的人工智能开放日上首次提及制造"擎天柱"人形机器人的计划。短短一年后，Optimus（擎天柱）的原型机已经在接下来的 AI Day 中亮相。特斯拉展示了它在汽车工厂进行搬运、浇植物、移动金属棒的视频。如图 1-8 所示为特斯拉公司的人形机器人。

2023 年，美国亚利桑那州立大学（ASU）的科学家研制出了世界上第一个能像人类一样出汗、颤抖和呼吸的户外行走机器人模型，这一测试机器人名为"ANDI"。

微软尝试将 OpenAI 研发的 ChatGPT 应用于机器人领域，让机器人更加拟人化；在 2023 年年初，挪威人形机器人公司 1X Technologies 也宣布在 OpenAI 领投的 A2 轮融资中筹集了 2350 万美元；中国小米公司早在 2022 年 8 月便亮相了 CyberOne（铁大）首款全尺寸人形仿生机器人（图 1-9），到 2023 年又投资 5000 万元人民币，成立机器人公司。

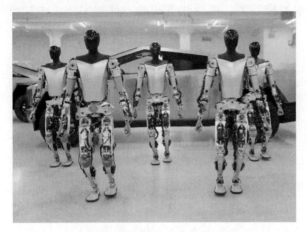

图 1-8　特斯拉公司的人形机器人　　　　　图 1-9　小米公司的"铁大"人形仿生机器人

　　未来，在同赛道产品上不同品牌的影响与消费者需求市场下，人形机器人将不再是科幻作品中的幻想产物，而将服务于人类社会的方方面面，与人们生活紧密交织。

　　随着计算机技术和人工智能技术的飞速发展，机器人在功能和技术层次上有了很大的提高，移动机器人及机器人的视觉和触觉等技术就是典型的代表。由于这些技术的发展，推动了机器人概念的延伸，将具有感觉、思考、决策和动作能力的系统称为智能机器人，这是一个概括的、含义广泛的概念。这一概念不但指导了机器人技术的研究和应用，而且赋予了机器人技术向深广发展的巨大空间。水下机器人、空间机器人、空中机器人、地面机器人、微小型机器人等各种用途的机器人相继问世，许多梦想变成了现实。机器人的技术（如传感技术、智能技术、控制技术等）扩散和渗透到各个领域，形成了各式各样的新机器——机器人化机器。当前，与信息技术的交互和融合产生了"软件机器人""网络机器人"的名称，这也说明机器人所具有的创新活力。

1.2.3　中国机器人的发展

　　机器人为中国的经济建设带来了高速发展的生产力和巨大的经济效益，而且将为中国的宇宙开发、海洋开发、核能利用等新兴领域的发展做出卓越的贡献。

　　中国机器人学研究起步较晚，但进步较快，已经在工业机器人、特种机器人和智能机器人等各个方面有了明显的成就，为中国机器人学的发展打下了坚实的基础。

　　20 世纪 70 年代是机器人发展的萌芽期，随后是 80 年代的开发期和 90 年代的快速发展时期。1972 年，中国科学院沈阳自动化研究所开始了机器人的研究工作。1985 年 12 月，中国第一台水下机器人"海人一号"首航成功，开创了机器人研制的新纪元。1997 年，南开大学机器人与信息自动化研究所研制出中国第一台用于生物实验的微操作机器人系统。

　　中国最先开始的是工业机器人的研究，20 世纪 70 年代初，上海、天津、吉林、哈尔滨、广州和昆明等地方的十几个研究单位及院校分别开发了固定程序、结合式、液压伺服型机器人，并开始了机构学（包括步行机构）、计算机控制和应用技术的研究，这些机器人大约有 1/3 用于生产。在该技术的推动下，随着改革开放方针的实施，中国机器人技术的发展得到政府的重视和支持。20 世纪 80 年代中期，国家组织了对工业机器人需求的行业调研，结果表明，对第二代工业机器人的需求主要集中于汽车行业（占总需求的 60%～70%）。在众多专家的建议和规划下，于"七五"期间，由当时的中华人民共和国机械电子工业部主持，中央各部委、中国科学院及地方十几家科研院所和大学参加，国家投入相当的资金，进行了工业机器人基础技术、基础元器件、几类工业机器人整机及应用工程的开发研究，完成了示教再现式工业机器人成套技术（包括机械手、控制系统、驱动传动单元、测试系统的设计、制造、应用，以及小批量生产的工艺技术等）的开发，研制出喷涂、弧焊、点焊和搬运等作业机器人整机，以及几类专用与通用控制系统和关键元部件，如交流、直流伺服电动机驱动单元机器人专用薄壁轴承、谐波传动系统、焊接电源和变压器等，并在生产中经过实用考核，其主要性能指标达到 20世纪 80 年代初国际同类产品的水平，且形成小批量生产能力。

应用方面，在第二汽车制造厂建立了中国第一条采用国产机器人的生产线——东风系列驾驶室多品种混流机器人喷涂生产线。该线由七台国产 PJ 系列喷涂机器人和 PM系列喷涂机器人及周边设备构成，很好地完成了喷涂东风系列驾驶室的生产任务，成为国产机器人应用的一个窗口；此外，还建立了几个弧焊和点焊机器人工作站。与此同时，还研制了几种 SCARA 型装配机器人样机，并进行了试应用。

在基础技术研究方面，解剖了国外十余种先进的机型，并进行了机构学、控制编程、驱动传动方式、检测等基础理论与技术的系统研究，开发出具有国际先进水平的测量系统，编制了我国工业机器人标准体系和 12 项国家标准、行业标准。20 世纪 80 年代在国家高级技术计划中，安排了智能机器人的研究开发，包括水下无缆机器人、高功能装配机器人和各类特种机器人。

1994 年 11 月，中国科学院沈阳自动化研究所等单位研制成功中国第一台无缆水下机器人"探索者"号，它的工作深度达到 1000 米，甩掉了与母船间联系的电缆，实现了从有缆向无缆的飞跃。它的研制成功，标志着我国水下机器人技术走向成熟。

从 1992 年 6 月起，以我方为主，又与俄罗斯科学院海洋技术研究所合作，先后研制开发出了"CR-01""CR-02"6000 米无缆自治水下机器人，为我国深海资源的调查开发提供了先进装备。2008 年，水下机器人首次用于中国第三次北极科考冰下试验，获取了海冰厚度、冰底形态等大量第一手科研资料。1995 年中国科学院沈阳自动化研究所研制成功的 6000 米无缆自治水下机器人，是我国"863 计划"中的重中之重项目，获得 1997 年国家十大科技进展之一。2005 年 4 月，中国科学院沈阳自动化研究所又研制成功星球探测机器人。2006 年，中国又研制成功世界最大潜深载人潜水器"海极一号"，7000 米的工作潜深，可以达到世界 99.8% 的海底。

20 世纪 90 年代中期，中国选择以焊接机器人的工程应用为重点进行开发研究，从而迅速掌握焊接机器人应用工程成套开发技术、关键设备制造、工程配套、现场运行等技术。

20 世纪 90 年代后期是实现国产机器人的商品化、为产业化奠定基础的时期。国内一些机器人专家认为：应继续开发和完善喷涂、点焊、弧焊、搬运等机器人系统应用成套技术，完成"交钥匙工程"；在掌握机器人开发技术和应用技术的基础上，进一步开拓市场，扩大应用领域，从汽车制造业逐渐扩展到其他制造业并渗透到非制造业领域，开发第二代工业机器人及各类适合我国国情的经济型机器人，以满足不同行业多层次的需求；开展机器人柔性装配系统的研究，充分发挥工业机器人在 CIMS（计算机集成制造系统）中的核心技术作用。在此过程中，嫁接国外技术，促进国际合作，促使中国工业机器人得到进一步发展，为 21 世纪机器人产业奠定了更坚实的基础。

中国机器人从 2000 年开始进入产业化阶段，国家积极支持机器人产业化基地的建设，已形成了以新松机器人自动化股份有限公司为代表的多个机器人产业化公司。

2012 年年底，在浙江、江苏的传统制造企业中逐渐兴起了"机器换人"，众多企业纷纷引进现代化、自动化的装备进行技术的改造升级。2013 年 4 月，由中国机械工业联合会牵头组建了中国机器人产业联盟。联盟包括国内机器人科技和产业的百余家成员单位，以产业链为依托，以创新资源整合、优势互补、协同共进、互利共赢的合作模式，构建促进产业实现健康有序发展的服务平台。2013 年 12 月，中华人民共和国工业和信息化部发布了《关于推进工业机器人产业发展的指导意见》。

2014 年，随着"东莞一号"《关于大力发展机器人智能装备产业打造有全球影响力的先进制造基地的意见》文件及各项扶持政策的出台，"机器换人"在珠江三角洲的制造业重镇——东莞轰轰烈烈地开展，并在全国掀起了一场"机器换人"的浪潮。"机器换人"是以"现代化、自动化"的装备提升传统产业，利用机器人、自动控制设备或流水线自动化对企业进行智能技术改造，达到"减员、增效、提质、保安全"的目的，并成为工业企业转型升级的必然选择。

"十三五"期间，中国制造业进入转型升级的关键期，与之紧密相连的机器人产业迎来了黄金发展期。机器人产业作为《中国制造 2025》划定的十大重点发展领域，发展前景被外界普遍看好。

相对于已经成熟的工业机器人，中国服务机器人起步较晚，与国外存在较大的差距。中国服务机器人的研究始于 20 世纪 90 年代中后期。近年来，在国家"863 计划"的支持下，中国"服务机器人军团"不断壮大。

仿人机器人走出实验室，中国成为继日本之后投入实际展示应用的第二个国家；烹饪机器人实现小规模量产，它能做出五十多种美味菜肴，烹饪水平不低于专业厨师；中医按摩机器人、机器人护理床、智能轮椅等各种助老助残服务机器人相继问世，并积极推进服务机器人的产业化进程；国内的大型玩具企业正在和科研院所合作，研发高端玩具机器人产品，企业的积极参与将推动以高端玩具为代表的教育娱乐机器人的产业化进程。

人形机器人具备 AI＋高端制造双属性，有望开拓高端制造新模式、新业态，提升中国科技和制造综合实力。长期来看，在中国人口红利减退、劳动力成本上升、各行业加速推进人工替代的时代背景下，人形机器人必定不会仅局限于一个特定领域，而是应用于制造业、社会服务、家庭服务、养老等的众多场景，相比传统机器人具备对综合性任务的兼容度。

2005 年，中国服务机器人市场开始初具规模。同年，发展服务机器人被列为国家"863 计划"先进制造与自动化技术领域重点项目。2006 年，发展智能服务机器人被列入《国家中长期科学和技术发展规划纲要（2006—2020 年）》。2008 年，中华人民共和国科学技术部将北京四季青模范敬老院和上海徐家汇福利院列为服务机器人应用示范区。2012 年 4 月，中华人民共和国科学技术部印发《服务机器人科技发展"十二五"专项规划》［国科发计（2012）194 号］。目前，中国的服务机器人主要有吸尘器机器人，教育、娱乐、保安机器人，智能轮椅机器人，智能穿戴机器人，智能玩具机器人，同时还有一批为服务机器人提供核心控制器、传感器和驱动器功能部件的企业。

2020 年，中国机器人产业营业收入首次突破 1000 亿元。"十三五"期间，工业机器人产量从 7.2 万套增长到 21.2 万套，年均增长 31%。从技术和产品上看，精密减速器、高性能伺服驱动系统、智能控制器、智能一体化关节等关键技术和部件加快突破、创新成果不断涌现，整机性能大幅提升、功能越加丰富，产品质量日益优化，行业应用也在深入拓展。例如，工业机器人已在汽车、电子、冶金、轻工、石化、医药等 52 个行业大类、143 个行业中被广泛应用。

2021 年 12 月颁布的《"十四五"机器人产业发展规划》明确提出了中国机器人产业发展的路线图：到 2025 年，中国成为全球机器人技术创新策源地、高端制造集聚地和集成应用新高地；整机综合指标达到国际先进水平，关键零部件性能和可靠性达到国际同类产品水平；机器人产业营业收入年均增速超过 20%；形成一批具有国际竞争力的领军企业及一大批创新能力强、成长性好的专精特新"小巨人"企业，建成 3～5 个有国际影响力的产业集群；制造业机器人密度实现翻番；到 2035 年，中国机器人产业综合实力达到国际领先水平。

1.3　机器人的基本组成

机器人的外形多种多样、千差万别，有的像人，有的却并不具有人的模样，但其组成却与人很相似。机器人是一个复杂的系统，包括三大部分和六个子系统，其中三大部分指机械部分、传感部分和控制部分，六个子系统是指执行系统、驱动系统、感受系统、控制系统、人机交互系统和机器人-环境交互系统，如图 1-10 所示。

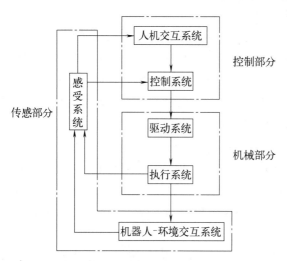

图 1-10　机器人的组成

（1）执行系统

执行系统包括手部、腕部、手臂、腰部、基座和各关节，以及发声装置，它与人类身体结构基本上相对应，是机器人的基本组成部分。执行系统是机器人实现其功能的物质条件。

机器人的基座是整个机器人的支

撑部件，它相对于人的躯干，要具备足够的稳定性和刚度。若基座具备移动机构，则构成行走机器人，这个移动机构就相当于人的腿脚，机器人靠它来走路。移动机构有轮式、履带式和仿人形机器人的步行式等。若基座不具备移动机构，则称为固定式机器人，又称机械臂。许多工业机器人都是固定式机器人。

机器人的腰部是连接臂部和基座的回转部件，利用它的回转运动和臂部的平面运动，就可以使腕部做空间运动。

机器人的臂部相当于人的胳膊，下连手腕，上接腰身（人的胳膊上接肩膀），一般由小臂和大臂组成，通常是带动腕部做平面运动。

机器人的腕部相当于人的手腕，它上与臂部相连，下与手部相接，以带动手部实现必要的姿态。

机器人的手部，又称末端执行机构，它是工业机器人和多数服务型机器人直接从事工作的部分。根据工作性质（机器人的类型），其手部可以设计成夹持型的夹爪，用以夹持东西；也可以是某种工具，如焊枪、喷嘴等；还可以是非夹持类的，如真空吸盘、电磁吸盘等。在仿人形机器人中，手部可能是仿人形多指手。

（2）驱动系统

驱动系统包括驱动器和传动机构，是为了使机器人运行起来给各个关节安置的装置，并将能源传送到执行机构。

机器人按其工作介质所用的能源，可分为气动、液动、电动和混合式四大类，在混合式中，有气-电混合式和液-电混合式。驱动系统既可以是液压驱动、气压驱动、电气驱动其中的一种，或是把它们结合起来应用的综合系统，也可以是直接驱动或者是通过机械传动装置进行的间接驱动。

其中，驱动器有电机（直流伺服电动机、交流伺服电动机和步进电动机等）、气动和液动装置（压力泵、气缸、液压缸、液压马达及相应控制阀、管路）；而传动机构，最常用的有谐波减速器、行星减速器、滚珠丝杠、链传动、同步带传动及齿轮传动等传动系统。

液压驱动就是利用液压泵产生高压液体，然后通过控制阀由液压缸推动执行机构进行动作，从而达到将液体的压力势能转换成做功的机械能。液压驱动的最大特点就是动力比较大、力和力矩惯性比大、反应快，比较容易实现直接驱动，特别适用于要求承载能力和惯性大的场合。其缺点是对液压元件要求高，否则容易造成液体渗漏，对环境有一定的污染。

气压驱动的基本原理与液压驱动的相似。其优点是工作介质（空气）来源方便、动作迅速、结构简单、造价低廉、维修方便，其缺点是不易进行速度控制、气压不宜太高、负载能力较低等。

电气驱动是当前机器人使用最多的一种驱动方式，其优点是电源方便，响应快，信息传递、检测、处理都很方便，驱动能力较大；其缺点是因为电动机转速较高，必须采用减速机构将其转速降低，从而增加了结构的复杂性。目前，不需要减速机构可以直接用于驱动、具有大转矩的低速电动机已经开始出现，这样可使机构简化，同时可提高控制精度。

(3) 感受系统

感受系统相当于人的眼、鼻、耳、皮肤等感觉器官，实时检测机器人的运动及受力情况、作业对象及外界环境等方面的信息，根据需要反馈给控制系统，对执行系统进行调整，以保证机器人的动作符合预定的要求，甚至使机器人具有某种"感觉"，向智能化发展。感受系统由多种传感器组成，包括能感知力、压觉、触觉等的接触型传感器和感知图像、声音、距离等的非接触型传感器，用以获取受力大小、图像、温度、声音等身体内部和外部环境的状态信息。传感器包括摄像机、图像传感器、超声波传感器、激光器、导电橡胶、压电元件、气动元件、行程开关等。

由于智能传感器的使用，使机器人的机动性、适应性和智能化水平得以提高。虽然人类的感受系统对感知外部世界信息是极其灵敏的，但对于一些特殊的信息，传感器比人类的感受系统更准，使得机器人比人类在某些方面更具有优势。

(4) 控制系统

控制系统是机器人的指挥系统，由控制计算机及相应的控制软件和伺服控制器组成，它相当于人的神经系统，控制计算机即相当机器人的"大脑"。控制系统根据机器人的作业指令程序或者从传感器反馈回来的信号，对各种信息进行分析、加工、处理并发出指令，控制机器人的执行系统去完成规定的动作。控制系统的分析决策功能主要靠计算机专用或通用软件来完成。

(5) 人机交互系统

人机交互系统的作用是实现操作人员对机器人的控制并与机器人进行联系。例如，计算机的标准终端、指令控制台、信息显示板、危险信号报警器等。该系统可以分为两大类，即指令给定装置和信息显示装置。

(6) 机器人-环境交互系统

机器人-环境交互系统的作用是实现机器人与外部环境中的设备相互联系和协调。可以将机器人与外部设备集成为一个功能单元，如加工制造单元、焊接单元、装配单元等。当然，也可以将多台机器人、多台机床或设备、多个零件存储装置等集成为一个执行复杂任务的功能单元。

1.4 机器人的分类

关于机器人如何分类，国际上并没有统一的标准，有的按负载重量分，有的按控制方式分，有的按移动方式分，有的按结构分，有的按应用环境分等。

1.4.1　按应用环境分类

中国的机器人专家按机器人的应用环境分类，将机器人分为工业机器人、服务机器人和特种机器人三大类。

工业机器人就是在工业制造领域中应用的机器人，主要包括焊接机器人，装配机器人，搬运码垛机器人，喷涂机器人，AGV 小车、分拣、包装等物流机器人，面向电子产品、汽车零部件等领域的协作机器人，机械制造中的并联机器人等。

服务机器人主要是指在农业、建筑业、医疗、服务业等领域应用的机器人，包括幼苗移栽、除草、施肥、修剪、果实采摘、分选，以及用于畜禽养殖的喂料、巡检、消毒处理等农业机器人，采掘、喷浆、巡检、重载辅助运输等矿业机器人，用于建筑部件智能化生产、测量、钢筋加工、混凝土浇筑、楼面墙面装饰装修等建筑机器人，进行手术、护理、康复、配送等工作的医疗康复机器人，家务、教育、养老助残、娱乐和安监等家用服务机器人，讲解导引、餐饮、配送等公共服务机器人。

特种机器人主要是指在某些特殊环境中应用的机器人，主要包括水下探测、打捞、深海矿产资源开发等水下机器人，安保巡逻、缉私安检、反恐防暴、治安管控等安防机器人，消防、应急救援、核工业操作等危险环境作业的机器人，战场运输、侦察等军用机器人，月球、火星探测器等太空探测机器人等。

目前，国际上有些机器人学者从应用环境出发，仅将机器人分为两类：制造环境下的工业机器人和非制造环境下的服务与仿人型机器人。

1.4.2　按移动方式分类

(1) 固定式

固定式机器人不能移动，只有机械臂可以完成动作，大部分工业机器人属于固定式，它们主要被安装在工厂车间内进行工作，有的安装在地基上，有的安装在横梁上，如图 1-11 所示。

(a) 台座式

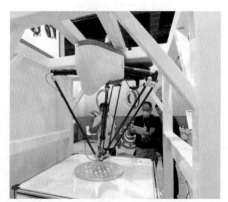
(b) 悬吊式

图 1-11　固定式机器人

(2) 移动式

移动式机器人可以自主运动，按它们的移动方式，有足腿式、轮式、履带式、蠕动式、飞行式、潜游式、浮游式、喷射式、穿戴式、复合式等形式，如图 1-12 所示。

(a) 足腿式 (b) 轮式

(c) 履带式 (d) 蠕动式

(e) 飞行式 (f) 潜游式

图 1-12　移动式机器人

① 足腿式机器人有两足的、四足的、六足的，以及更多足的形式。

② 轮式机器人类似常见的车辆，有两轮的、三轮的、四轮的、六轮的，以及多轮的。

③ 浮游式机器人在水面行进，有螺旋桨推进式、喷气式、喷水式等。

④ 飞行式机器人在空中运动，有旋翼无人机类直升飞行式，有固定翼无人机类滑行式，还有像鸟类和昆虫一类扑翼飞行式。

⑤ 潜游式机器人在水面下行进，有推进器潜游式、尾翼潜游式、拖曳潜游式等。

1.4.3　按使用空间分类

按机器人的使用空间可以分为：地面/地下机器人、水面/水下机器人、空中机器人、空间机器人、其他使用空间机器人。

① 地面/地下机器人包括室内地面机器人和室外地面机器人、井下机器人以及其他地下机器人。

② 水面/水下机器人包括江河湖泊水面机器人、海洋水面机器人、浅水机器人、深水机器人以及其他水下机器人。

③ 空中机器人包括中低空机器人、高空机器人和其他空中机器人。

④ 空间机器人包括空间站机器人、星球探测机器人和其他空间机器人。

1.4.4　按发展阶段分类

(1) 第一代机器人：示教再现型机器人

1962 年美国研制成功 PUMA 通用示教再现型机器人，这种机器人通过计算机来控制一个多自由度的机械，通过示教存储程序和信息，工作时把信息读取出来，然后发出指令，这样机器人可以重复地根据人当时示教的结果，再现出这种动作。比如汽车的点焊机器人，只要把这个点焊的过程示教完以后，就总是重复这样一种工作。

(2) 第二代机器人：感觉型机器人

示教再现型机器人对于外界的环境没有感知，它不会知道操作力的大小、工件存在不存在、焊接得好与坏，因此，在 20 世纪 70 年代后期，人们开始研究第二代机器人，即感觉型机器人。这种机器人拥有类似人体的某种感觉，如力觉、触觉、视觉、滑觉、听觉等，它能够感受和识别工件的形状、大小、颜色等。

(3) 第三代机器人：智能型机器人

这是 20 世纪 90 年代以来发明的机器人，这种机器人带有多种传感器，可以进行复杂的逻辑推理、判断及决策，在变化的内部状态与外部环境中，自主决定自身的行为。

1.4.5 按机器人机械结构分类

(1) 垂直关节型机器人

它的机械结构类似于人的手臂，具有多个关节，包括四轴、五轴、六轴关节机器人及其他垂直关节机器人。如图 1-11 (a) 所示即为一种垂直关节机器人。

(2) 平面关节型机器人

即 SCARA 机器人，由两个平行关节组成，可以在选定的平面上运动，旋转轴垂直定位，安装在手臂上的末端执行器垂直移动，包括单臂 SCARA 机器人、双臂 SCARA 机器人及其他平面关节型机器人。如图 1-13 所示为单臂 SCARA 机器人。

(3) 直角坐标型机器人

也称为直线机器人，有矩形、悬臂式和龙门式等结构，包括三自由度、四自由度、五自由度等。如图 1-14 所示为龙门式直角坐标型机器人。

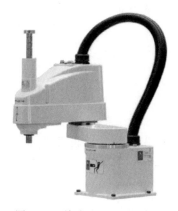
图 1-13　单臂 SCARA 机器人

图 1-14　龙门式直角坐标型机器人

(4) 并联机器人

由动平台、定平台和它们之间的多条支链组成，末端操作器安装在动平台上，包括平面并联机器人、球面并联机器人、空间并联机器人和其他并联机器人。如图 1-11 (b) 所示即为一种并联机器人。

(5) 其他机械结构型机器人

包括车辆式、穿戴式、爬行式、混联式等多种。

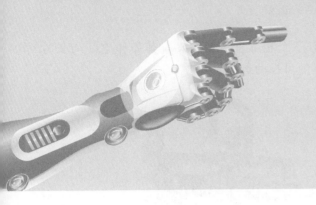

第 2 章

机器人的整体结构

机器人种类很多，要完成的工作也各不相同。有的不需要手臂、手的动作，如巡检机器人；有的不需要移动机构，如工厂车间里的固定式工业机器人。因此，机器人的身体结构根据功能需要而有所差异，但大体上还是与人类的身体结构类似，一般包括与人类身体相对应的几部分，比如机身（也称底座）、手臂（包括大臂和小臂）、手腕和手部（末端执行器）、移动机构、感觉器官等。机身主要起支撑作用，是机器人的基础部分。固定式机器人的机身直接固定在地面上或平台上，如果是可移动的机器人，机身就安装在移动机构上。机身、手臂、手腕通过不同的关节连接在一起，手臂和手腕都能够做不同的运动，最终带着手完成一定的动作。

机器人都有不同的运动，对应不同的自由度。自由度是指机器人所具有的独立运动的数目，但不包括手的开合自由度。自由度是反映机器人动作灵活程度的参数，包括转动自由度和移动自由度。一般情况下，机器人的一个自由度对应一个关节，所以自由度与关节的概念是等同的。自由度越多，机器人就越灵活，但需要的驱动机构越多；结构越复杂，控制难度也越大，所以机器人的自由度要根据其用途设计，一般为 3～6 个。

2.1 机器人的机身及臂部

机器人按机身及臂部的机械结构可分为串联机器人、并联机器人和混联机器人。串联机器人就像一个手臂，由机座、大臂、小臂、手等各部分一节一节通过关节连在一起。而并联机器人是一个封闭结构，就像在一个机座上伸出多条手臂，然后手臂末端又连在一起，由多条手臂共同控制一个末端完成动作。

串联机器人研究得较为成熟，具有结构简单、成本低、控制简单、运动空间大等优点，已成功应用于很多领域，如各种机床、装配车间等，许多工业机器人都是串联机器人。串联机器人按结构特征来分，通常可以分为直角坐标机器人、柱面坐标机器人、球面坐标机器人（又称极坐标机器人）、多关节机器人等。

2.1.1 直角坐标机器人

直角坐标机器人是具有三个移动自由度的多用途机器人（图2-1），包括悬臂式、天车式和龙门式。该机器人在空间坐标系中有三个相互垂直的移动，其操作空间为长方体，手部可以实现到达操作空间内任意一点的可控的运动轨迹。

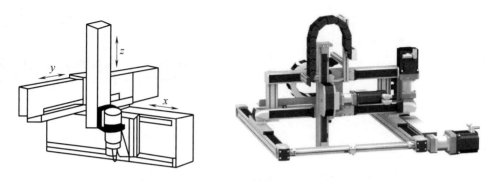

图 2-1　直角坐标机器人

　　直角坐标机器人的特点是直线运动、控制简单、具有高的可靠性和精度，可长期在恶劣的环境中工作，便于操作维修；缺点是运动速度较慢、灵活性较差、自身占据空间较大。直角坐标机器人可以非常方便地用于各种自动化生产线中，可以完成诸如焊接、搬运、码垛、上下料、包装、检测、探伤、分类、装配、贴标、喷码、打码、喷涂等一系列工作。

2.1.2　柱面坐标机器人

　　柱面坐标机器人是指能够形成圆柱坐标系的机器人，如图 2-2 所示，其结构主要由一个旋转机座形成的转动关节和垂直升降、水平伸缩的两个移动关节构成。柱面坐标机器人具有空间结构小、工作范围大、末端执行器速度快、控制简单、运动灵活等优点；缺点是必须有手臂前后方向的移动空间，空间利用率低。

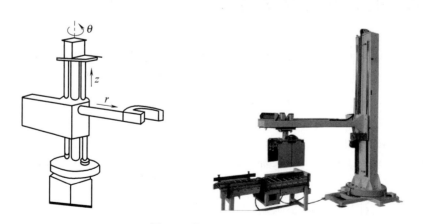

图 2-2　柱面坐标机器人

　　柱面坐标机器人主要用于重物的装卸、搬运等工作。最早的"Versatran"机器人就是一种典型的柱面坐标机器人。

2.1.3　球面坐标机器人

　　球面坐标机器人如图 2-3 所示，一般由两个回转关节和一个移动关节构成。它具有三个自由度，即一个绕手臂支承底座垂直轴的转动和一个手臂在铅垂面内的摆动，以及一个沿手臂的伸缩移动。这种机器人运动所形成的轨迹表面是半球面，所以称为球面坐标机器人。球面坐标机器人占用空间小、工作范围大、操作灵活，但运动学模型较复杂，难以控制。美国 Unimation 公司的"Unimation"机器人就是球面坐标机器人的代表。

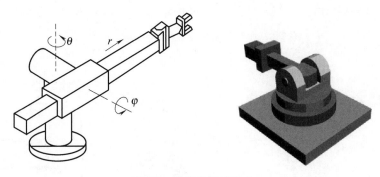

图 2-3　球面坐标机器人

2.1.4　关节机器人

　　关节机器人也称关节手臂机器人或关节机械手臂，是当今工业领域中应用最为广泛的一种机器人，也是最类似人的一种机器人结构。多关节机器人按照关节的构型不同，又可分为垂直多关节机器人和水平多关节机器人。

　　垂直多关节机器人主要由机座和多关节臂组成，模拟人的手臂功能，由垂直于地面的腰部旋转轴，带动大臂旋转的肩部旋转轴，带动小臂旋转的肘部旋转轴，以及小臂前端的手腕等组成，如图 2-4 所示为垂直多关节机器人的不同结构形式，动作空间近似一个球体。目前常见的关节臂数是 3～6 个。某品牌六关节臂机器人如图 2-5 所示。这类机器人由多个旋转和摆动关节组成，其结构紧凑，工作空间大，工作时能绕过机座周围的一些障碍物，对装配、喷涂、焊接等多种作业都有良好的适应性，且适合电机驱动，关节密封、防尘比较容易。

　　水平多关节机器人也称为 SCARA（selective compliance assembly robot arm）机器人，如图 2-6 所示。SCARA 机器人一般具有四个轴，即四个运动自由度，它的第一至三轴是转动运动，第四轴是直线移动，并且第三轴和第四轴可以根据工作需要的不同，制造成多种不同的形态。

　　SCARA 机器人的作业空间与占地面积比很大，使用起来方便；在垂直升降方向刚性好，尤其适合平面装配作业，广泛应用于电子产品工业、汽车工业、塑料工业、药品工业和食品工业等领域，用以完成搬取、装配、喷涂和焊接等操作。

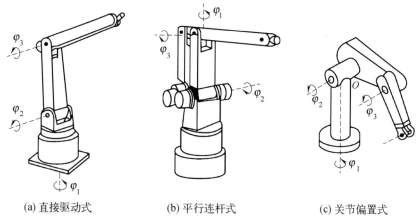

(a) 直接驱动式　　　　　　(b) 平行连杆式　　　　　　(c) 关节偏置式

图 2-4　垂直多关节机器人的不同结构形式

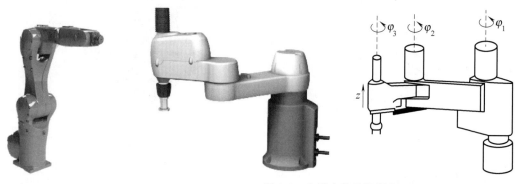

图 2-5　某品牌六关节
臂机器人

图 2-6　水平多关节机器人

2.1.5　并联机器人

并联机器人是近些年来发展起来的一种新型机器人，固定机座和运动平台之间至少由两根活动连杆连接，末端执行器安装在运动平台上，具有两个或以上的自由度，以并联方式驱动。如图 2-7 所示为并联机器人。和串联机器人相比，并联机器人具有以下特点：①驱动装置可置于定平台上或接近定平台的位置，运动部分重量轻，速度快，动态响应好；②结构紧凑，刚度高，承载能力大；③无累积误差，运动精度较高；④具有较好的各向同性；⑤工作空间较小。

并联机器人广泛应用于装配、搬运、上下料、分拣、打磨等需要高刚度、高精度或者大载荷而无须很大工作空间的场合。

2.1.6　混联机器人

混联机器人则相当于在并联机器人的动平台前端再通过不同自由度的手腕连接一个手，这样在一定的操作空间内手部既拥有多方向灵活的操作，又能保证高速高精度的特性，如图 2-8 所示。

 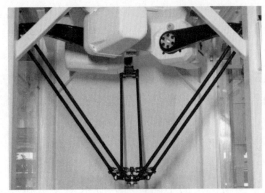

(a) 六自由度　　　　　　　　　　　　　　　(b) 三自由度

图 2-7　并联机器人

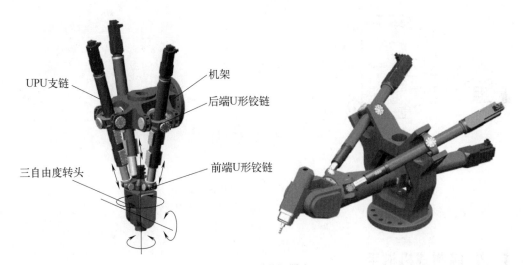

图 2-8　混联机器人

2.2　机器人的手

　　机器人要实现一定的功能，比如抓取一个物体，则需根据机器人控制系统发出的命令，通过机器人的手去完成抓取动作。对于不同功能的机器人，需要手完成的动作不一样，因此手的形状和结构也千差万别。在工业机器人上一般称作机械手，又称作末端操作器。现在，机器人的手已经具有像人手一样灵巧的手指，能灵活自如地抓取物品。通过手指上的传感器还能感觉出抓握的物体的重量，已经具备了人手的许多功能。

2.2.1　夹钳式机械手

　　夹钳式机械手由手指（手爪）、传动机构、驱动机构及支架等组成，如图 2-9 所示。

它通过手指的开合实现对物体的夹持。一般有两根手指，也有三根、四根或五根手指，手指端是直接与物体接触的部位，其结构形状取决于被抓取物体的形状和特性，有光滑指面、齿形指面和柔性指面等。光滑指面平整光滑，用于夹持已加工表面，避免已加工表面受损；齿形指面的表面刻有齿纹，可增加夹持工件的摩擦力，以确保夹紧牢靠，多用于夹持表面粗糙的毛坯或半成品；柔性指面内镶橡胶、泡沫、石棉等物，有增加摩擦力、保护工件表面、隔热等作用，一般用于夹持已加工表面、炽热件，也适于夹持薄壁件和脆性工件。

传动机构是将驱动机构的运动和动力向手指传递，以实现夹紧和松开动作的机构。根据驱动机构的不同，可以有电动夹爪和气动夹爪之分。

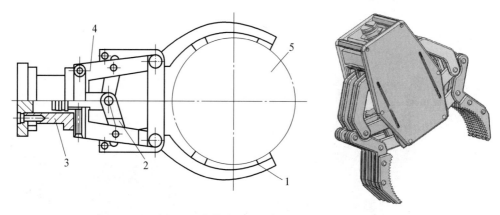

图 2-9　夹钳式机械手部的基本组成
1—手指；2—传动机构；3—驱动机构；4—支架；5—物体

2.2.2　吸附式机械手

吸附式机械手靠吸附力取料，根据吸附力的不同，可分为气吸附和磁吸附两种，适用于大的较光滑平面、易碎物体（玻璃、磁盘）等，因此使用面较广。

(1) 气吸附式机械手

气吸附式机械手是利用吸盘内的压力和大气压之间的压力差而工作的，按形成压力差的方法，可分为抽真空式吸盘、气流负压式吸盘、挤压排气负压式吸盘等。吸盘工作面一般由橡胶、聚氨酯等柔软材料制成。气吸附式机械手与夹钳式机械手相比，具有结构简单、重量轻、吸附力分布均匀等优点，对于薄片状物体的搬运更具有优越性（如板材、纸张、玻璃等物体）。它广泛应用于非金属材料或不可有剩磁的材料的吸附，但要求物体表面较平整光滑，无孔、无凹槽。

图 2-10 中四个圆盘即为吸盘，正在吸取玻璃进行搬运。

① 抽真空式吸盘使用真空泵抽真空，使吸盘内持续产生负压，这种吸盘比其他形式吸盘的吸力大。抽真空式吸盘如图 2-11 所示，其主要部件为碟形橡胶吸盘。取料时，碟形橡胶吸盘与物体表面接触，吸盘的边缘既起到密封作用，又起到缓冲作用；然后真

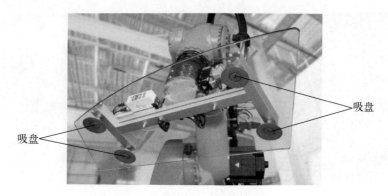

图 2-10　吸盘

空泵抽气，碟形橡胶吸盘内腔形成真空，吸附取料。放料时，管路接通大气，失去真空，物体放下。抽真空式吸盘工作可靠、吸附力大，但需要有一套抽真空系统，成本较高。

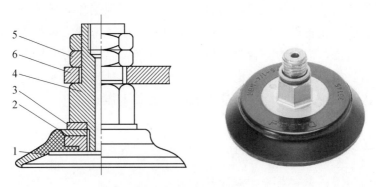

图 2-11　抽真空式吸盘

1—碟形橡胶吸盘；2—固定环；3—垫片；4—支撑杆；5—螺母；6—基板

② 气流负压式吸盘。气流负压式吸盘与抽真空式吸盘类似，区别仅是产生真空的方式不同，它是由真空发生器利用压缩空气产生真空（负压）的。当吸盘压到被吸物后，吸盘内的空气被真空发生器从吸盘上的管路中抽走，使吸盘内形成真空，吸附物体。这种吸盘借助压缩空气和真空发生器，无须专用真空泵。由于工厂一般都配有空压机站或空压机，比较容易获得空压，不需要专为机器人配置真空泵，所以气流负压吸盘在工厂内使用方便，成本较低。

③ 挤压式吸盘在压向工件表面时，将吸盘内的空气挤出；松开时，压力去除，吸盘恢复弹性变形使吸盘内腔形成负压，将工件牢牢吸住，即可进行工件搬运；到达目标位置后，用碰撞力或电磁力使压盖动作，破坏吸盘腔内的负压，释放工件。

(2) 磁吸附式机械手

如图 2-12 所示，磁吸附式机械手（电磁吸盘）利用电磁铁通电后产生的电磁吸力取料，因此只能对铁磁物体起作用，但是对某些不允许有剩磁的零件禁止使用，所以磁吸附式机械手的使用有一定的局限性。

图 2-12　电磁吸盘

2.2.3　专用末端操作器

对于工业机器人这种通用性很强的自动化设备，可根据作业要求，配上各种专用的末端操作器，就能完成各种工作。例如在通用机器人手臂末端安装焊枪，就成为一台焊接机器人；安装喷枪，则成为一台喷涂机器人。目前，有许多由专用电动、气动工具改型而成的操作器，如焊枪、喷枪、电动扳手、电磨头、抛光头、激光切割机等。所形成的一整套机器人可供用户选用，使机器人能胜任各种工作。

2.2.4　仿生手

简单的夹钳式机械手不能适应物体外形变化，不能使物体表面承受比较均匀的夹持力，因此无法对复杂形状、不同材质的物体实施夹持和操作。为了提高机器人手爪和手腕的操作能力、灵活性和快速反应能力，使机器人能像人手那样进行各种复杂的作业，如装配作业、维修作业、设备操作以及机器人模特的礼仪手势等，就必须有一个运动灵活、动作多样、具有柔性的灵巧手。

(1) 柔性手爪

柔性手爪的手指由软材料制成，在控制外力作用下，柔性手爪就发生弯曲变形，以适应物体的不同外形，并使物体表面受力比较均匀。柔性手爪有两根或多根手指，如图2-13所示，适用于抓取轻型、易碎物体，如玻璃器皿、水果等。

(2) 多指灵巧手

机器人手最完美的形式是模仿人手的多指灵巧手，它从结构和功能上参考人手，最普遍的手指数目为三到五个，各手指具有三个回转关节。在通常情况下，灵巧手只需要三根三自由度的手指即可完成大多数任务。在手部配置触觉、力觉、视觉、温度传感器，使多指灵巧手达到更完美的程度。多指灵巧手能模仿几乎人手指能完成的各种复杂动作，拥有像人手一样灵活的操作能力，能够灵活操作对象，如拧螺钉、弹钢琴、做礼仪

(a) 两根手指　　　　　　　　　　　　　　(b) 多根手指

图 2-13　柔性手爪

手势等动作，满足多种工作需求，应用前景十分广泛，也可在各种极限环境下完成人无法实现的操作，如核工业领域、宇宙空间作业，在高温、高压、高真空环境下作业等。

　　如图 2-14（a）所示为哈尔滨工业大学机器人研究所与德国宇航中心合作开发的具有多种传感功能的机器人灵巧手。该机器人灵巧手有 4 根手指，有 13 个活动部位，由600 多个机械零件组成，表面的电子元器件有 1600 多个，整体质量 1.8 千克。它可以弹钢琴、抓握水瓶、摆手势等。

　　如图 2-14（b）所示为腾讯 Robotics X 实验室 2023 年发布的自研机器人灵巧手TRX-Hand，能做很多细活。它拥有 3 根手指、8 个可独立控制的关节，可轻松拿捏不同形状尺寸物体，实现抛接等高动态的难度动作。其最大持续指尖力可达 15 牛，最大关节速度 1 秒能够转动 600 度，既快又有力。柔性驱动的指尖设计也有效提升了手指的抗冲击能力，让"手"更加可靠。

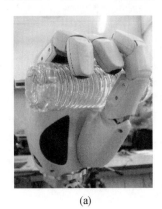

(a)　　　　　　　　　　　　　　　　　　(b)

图 2-14　多指灵巧手

　　Shadow 灵巧手由英国 Shadow Robot 公司研制，有 24 个自由度的灵活程度，具备关节位置、指尖触觉等传感器。机器人手的主要材料是聚甲醛塑料、铝。Shadow 手主体的外形尺寸很小，驱动部分及电气部分位于前臂内，采用的是绳索传动方式。它可以完成拧灯泡、刷油漆、抓苹果等动作，还能解魔方，如图 2-15 所示。

图 2-15　Shadow 灵巧手解魔方

2.3　机器人的手腕

　　机器人的手腕是连接手臂部和手部的部分，有独立的自由度，其作用主要是改变和调整手部在空间的方位，以保证机器人手部能够完成复杂的姿态，从而使手爪中所握持的工具或工件取得某一指定的姿态。

　　例如，用机器人的手部夹持一个螺钉对准螺孔拧入，首先必须使螺钉前端到达螺孔入口位置，然后必须使螺钉的轴线对准螺孔的轴线，使轴线相重合拧入，这就需要调整螺钉的方位角。前者即为手部的位置，后者即为手部的姿态。

　　腕部一般可以做绕空间三个坐标轴 X、Y、Z 的三个转动，即摆动、俯仰和回转，具有三个自由度，如图 2-16 所示。

　　① 偏转：使手腕绕与臂垂直的垂直轴 X 旋转，如图 2-16（a）所示。

　　② 俯仰：使手腕绕与臂垂直的水平轴 Y 旋转，如图 2-16（b）所示。

　　③ 翻转：使手腕绕自身的轴线 Z 旋转，如图 2-16（c）所示。

　　腕部自由度的组合方式多种多样，根据具体工作需要而定。一些专用机械手甚至没有腕部，但有的机械手腕部为了特殊要求还有额外的横向移动的自由度。腕部按自由度数量可分为单自由度腕部、两自由度腕部和三自由度腕部，三自由度腕部能使手部获得空间任意姿态。

　　多数机器人将腕部结构的驱动装置安排在小臂上，以减轻手腕部分的重量，当运动传入腕部后再分别实现各个动作。

　　一般来说，在用机器人进行精密装配作业中，当被装配零件不一致，工件定位夹具的定位精度不能满足装配要求时，会导致装配困难。这就要求在装配动作时手腕具有柔顺性。柔顺装配技术有两种：主动柔顺装配和被动柔顺装配。

(1) 主动柔顺装配

主动柔顺是利用传感器反馈的信息来控制手爪的运动，以补偿其位姿误差，实现边校正边装配。如在手爪上安装视觉传感器、力传感器等检测元件，这种柔顺装配称为主动柔顺装配，价格较贵。

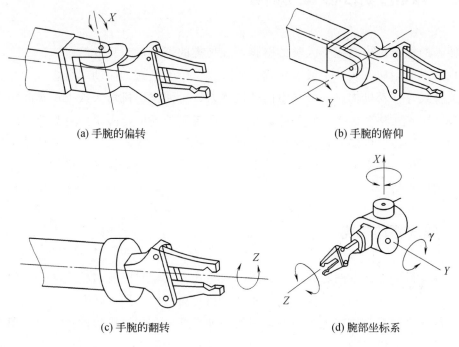

(a) 手腕的偏转　　　　　　　　　　　　　　　　　　(b) 手腕的俯仰

(c) 手腕的翻转　　　　　　　　　　　　　　　　　　(d) 腕部坐标系

图 2-16　机器人手腕的运动

(2) 被动柔顺装配

被动柔顺是利用不带动力的机构来控制手爪的运动，以补偿其位置误差。在需要被动柔顺装配的机器人结构里，一般是在腕部配置一个角度可调的柔顺环节，以满足柔顺装配的需要。这种柔顺装配技术称为被动柔顺装配。对于被动柔顺装配，其腕部结构比较简单，价格比较便宜，装配速度快。被动柔顺装配要求装配件要有倾角，允许的校正补偿量受到倾角的限制，轴孔间隙不能太小。采用被动柔顺装配技术的机器人腕部称为机器人的柔顺腕部，如图 2-17 所示。

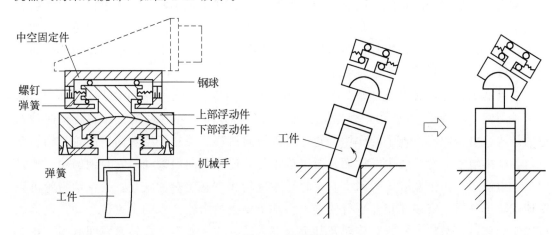

图 2-17　柔顺腕部

2.4 机器人的移动机构

机器人的移动机构对应于人类的腿脚，或鸟类的翅膀，或鱼的鳍。

按机器人的运动方式，一般有轮式、履带式、仿生足式、蠕动爬行式、飞行式、浮游式和混合式等移动机构。一般在室内的机器人，比如家用机器人或工厂车间移动的机器人，多采用轮式移动机构；室外的机器人为适应野外环境，多采用越野轮式或履带式移动机构。一些仿生机器人，通常模仿某种生物的运动方式而采用相应的移动机构。其中，轮式移动机构效率最高，但适应地形能力相对较差；而腿式移动机构适应地形能力强，但其效率最低。

2.4.1 轮式移动机构

轮式移动机构通常有两轮式、三轮式、四轮式、六轮式以及多轮式之分，如图 2-18 所示。它们或有驱动轮和自位轮，或有驱动轮和转向机构，用于转弯。

轮式行走机器人是机器人中应用最多的一种类型，在相对平坦的地面上，用车轮移动方式行走是相当优越的。轮式移动机构的优点是结构简单、重量轻、轮子滚动摩擦阻力小、机械效率高，适合在较平坦的地面上行驶；缺点是翻越障碍性能不好，不能爬楼梯。

车轮的形状或结构形式取决于地面的性质及车辆的承载能力。常见的轮子就是汽车上用的充气橡胶轮胎或实心橡胶轮胎，适用于平坦道路，也可以在野外使用，具有一定的越野爬坡能力。而在一些特殊的场合，为了提高适应地形能力，车轮则需要由特殊结构、特殊材料制造，比如月球探测车和火星探测车的车轮，如图 2-19 所示。

在一些室内平坦硬地面上工作的机器人，还常使用麦克纳姆轮（Mecanum wheel）和全向轮（omni wheel）作为机器人的移动机构，如图 2-20 所示。

麦克纳姆轮与全向轮的共同点在于它们都由轮毂和小辊子两大部分组成。轮毂是整个轮子的主体支架，小辊子则是均匀安装在轮毂周边上的多个鼓状物。全向轮有两列小辊子，它们在圆周上互相错开，轮毂轴与辊子转轴相互垂直。由于辊子的作用，全向轮除了可以前后滚动外，也可以左右滚动。

麦克纳姆轮是瑞典麦克纳姆公司的专利。麦克纳姆轮的辊子在轮缘周围斜向分布，轮毂轴与辊子转轴呈 45 度角，根据辊子的不同倾斜方向，分为左旋轮和右旋轮两种对称的结构。由于倾斜小辊子的作用，轮子可以横向滑移。当轮子绕着固定的轮心轴转动时，各个小辊子的包络线为圆柱面，所以该轮能够连续地向前滚动。麦克纳姆轮一般是四个一组使用，两个左旋轮，两个右旋轮，左旋轮和右旋轮对称安装。麦克纳姆轮可以像传统轮子一样，安装在相互平行的轴上。基于麦克纳姆轮技术的全方位运动，机器人可以实现前行、横移、斜行、旋转及其组合等运动方式。非常适合转运空间有限、作业

(a) 两轮式

(b) 三轮式

(c) 四轮式

(d) 六轮式

图 2-18　轮式行走机器人

通道狭窄的环境，在提高工作效率、增加空间利用率以及降低人力成本方面具有明显的效果。

　　而若想使用全向轮完成类似的功能，几个轮毂轴要按圆周方向均匀布置，之间必须是 60 度、90 度或 120 度等角度，对于这样的角度，生产和制造都比较麻烦。

2.4.2　履带式移动机构

图 2-19　月球探测车的车轮

　　履带式移动机构最常见的是用于坦克上，它适合在未平整的自然地面上行驶，履带可以看成连续为轮子铺的路。履带式移动机构与轮式相比：支承面积大，接地比压小，适合松软或泥泞的野外进行作业，下陷度小，滚动阻力小；越野机动性好，爬坡、越沟等性能均优于轮式移动机构；履带支承面上有履齿，不易打滑，牵引附着性能好，有利于发挥较大的牵引力。但是履带式移动机构结构比较复杂，重量大，运动惯性大，减振性能差。

　　履带按材质可以分为橡胶履带和钢制履带。通常履带式移动机构是由两条履带平行

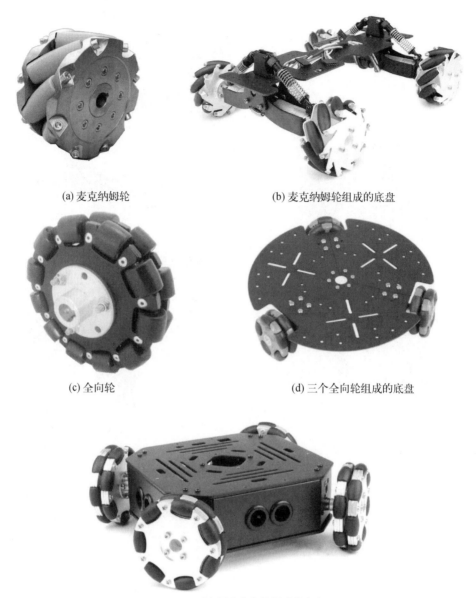

(a) 麦克纳姆轮

(b) 麦克纳姆轮组成的底盘

(c) 全向轮

(d) 三个全向轮组成的底盘

(e) 四个全向轮组成的底盘

图 2-20　麦克纳姆轮与全向轮

布置构成的［图 2-21（a）］，分别由两个动力源驱动；当两条履带的速度相同时，机器人前进或后退移动；当两条履带的速度不同时，机器人实现转向运动。

　　根据实际使用场合的要求，履带也有采取其他形状的。形状可变履带是指机器人所用履带的外形可以根据地形条件和作业要求进行适当变化。如图 2-21（b）所示，该机器人的主体部分是两条形状可变的履带。当主臂杆绕履带架上的轴旋转时，履带变为三角形，能够轻松通过台阶、楼梯等障碍，在保证机体尺寸小巧的条件下实现了卓越的越障性能，具备近似全地形的移动能力，解决了传统移动平台小则越障能力有限，大则使用场景受限的矛盾。

　　位置可变履带机器人是指履带相对于车体的位置可以发生变化的履带式机器人。如

(a) 传统履带形式

(b) 可变形履带

图 2-21　履带式移动机构

图 2-22 所示为摇臂履带机器人，副履带能够在摇臂带动下绕车体的水平轴线转动，从而改变机器人的整体构形，提高攀爬斜坡和越障能力。

(a) 双摇臂　　　　　　　　　　　　　　(b) 四摇臂

图 2-22　摇臂履带机器人

2.4.3　仿生足式移动机构

仿生足式移动机构即步行机构，是模仿人类或多足动物步行的移动方式。仿生足式移动机构有很好的机动性，对崎岖路面具有很好的适应能力，可以跨越障碍物，走过沙地、沼泽等特殊路面。在崎岖路面上，步行机器人优于轮式或履带式机器人。所以，这类机器人在工程探险勘测、防爆、军事运输侦察、海底探测、矿山开采、星球探测、残疾人的轮椅、教育及娱乐等众多行业有非常广阔的应用前景。步行机器人是一种智能型机器人，它是一门涉及生物科学、仿生学、机构学、传感技术及信息处理技术等的综合性高科技技术。多足步行机器人技术一直是国内外机器人领域的研究热点之一。

如图 2-23 所示为仿生足式移动机构的几种形式，一般有两足式、四足式、六足式和多足式等。足的数目越多，承载能力越强，但运动速度越慢。两足式和四足式步行机构最为常见，它具有很好的适应性和灵活性，最接近人类和动物。

(a) 两足式　　　　　(b) 四足式　　　　　(c) 六足式

图 2-23　仿生足式移动机构的几种形式

2.4.4　水中机器人的游动机构

水面/下机器人需要靠推进器运动，有螺旋桨推进器、喷水推进器和鱼鳍式推进器等，如图 2-24 所示。另外，在水底移动的机器人也可以采用轮式、履带式移动机构，以及步行式移动机构。

螺旋桨推进器通过叶片的旋转将水向后推出，获得向前的动力。

喷水推进器是利用喷射水流产生的反作用力驱动前进的一种推进器。由水泵、管道、吸口和喷口等组成，并能通过喷水口改变水流的喷射方向来改变运动方向，效率比螺旋桨低，但操纵性能好，特别是对于泥沙底的浅水航道，喷水推进器具有良好的适应性。

鱼鳍式推进器通过鱼鳍状拨片的摆动拨水产生向前的动力。

(a) 螺旋桨推进器　　　　　　　　　　(b) 喷水推进器

(c) 鱼鳍式推进器

图 2-24　水下/中机器人的游动机构

2.4.5　飞行机器人的飞行机构

飞行机器人，如无人机的飞行主要靠螺旋桨产生的动力；还有一种仿鸟或昆虫的扑翼无人机，是靠像鸟类翅膀一样的翼上下扇动，产生浮力和前进的动力，如图 2-25 所示。

(a) 螺旋桨式　　　　　　　　　　　　　　　　(b) 仿鸟扑翼式

图 2-25　飞行机器人的飞行机构

2.4.6　复合式的移动机构

为了适应更加复杂的地形，人们研究出复合式的地面移动机构，综合了几种不同移动机构的长处，具有更优异的移动性能。

美国国防高级研究计划局（DARPA）研究出了 GXV-T（ground X-vehicle technology，地面 X 车辆技术）"自适应可变形车轮"，这种车轮可以让车辆在轮式和履带式之间实现 2 秒快速切换以适应各种地形，如图 2-26 所示。

图 2-26　轮履复合式

轮腿式机器人（wheel-legged robot）是近年来机器人研究的前沿领域。每个轮子分别与它的腿部连接，运动过程中，轮子和与之连接的腿部都一起运动，兼具两者能力，轮式结构移动快、效率高，而腿部能力让机器人适应不平地面、完成跳跃台阶等动作，如图 2-27 所示。

(a) ANYmal四足轮腿机器人　　　　　　　　　(b) 腾讯轮腿式机器人Ollie

图 2-27　轮腿式机器人

2.5　机器人的动力系统

　　机器人所用的能量主要来源于电力、内燃机动力、太阳能，甚至核动力。采用电力的机器人，比如在车间固定安装的工业机器人，就直接用车间的电力系统；如果是移动的机器人，则需要采用移动电源，比如锂电池、铅酸电池等。采用内燃机作为动力的机器人一般是移动机器人，需要在机器人上安置一台内燃机，就像传统的汽车一样。而驱动系统将这些能源转换为机器人运动的能量，并将能量传送到各个运动机构，从而使机器人运行起来。

　　驱动系统是机器人结构中的重要部分，包括驱动装置和传动装置。驱动装置在机器人中的作用相当于人体的肌肉，是运动的动力来源。驱动装置必须有足够大的功率对运动机构进行驱动，同时要求必须轻便、经济、精确、灵敏、可靠且便于维护。

　　根据驱动系统工作介质不同，可分为电气驱动、液压驱动、气压驱动和新型混合式驱动四大类。机器人的运动机构可以由液压传动、气压传动、电气传动等驱动器直接驱动，但往往为了有合适的运动速度和运动形式，需要通过同步带、链、齿轮、丝杠等机械传动装置间接驱动运动机构。

　　为了精确控制机器人的运动位置、方位、状态，机器人采用伺服驱动系统，其控制系统根据传感器的反馈信号，调节驱动系统输出的力矩、速度和位置，并将实际值和预定值加以比较，依照它们的差别来调节，使所处的状态到达或接近预定值。

2.5.1　电气驱动系统

　　机器人电气驱动系统是利用各种电机产生的力矩和力，直接或间接地驱动机器人的执行机构以获得各种运动。电气驱动是机器人中使用最多的一种驱动方式，其特点是电源方便、响应快、驱动力较大，信号检测、传动、处理方便，并可采用多种灵活的控制方案。目前，由于高启动转矩、大转矩、低惯量的交、直流伺服电机在工业机器人中得到广泛应用，一般负载1000牛以下的工业机器人大多采用电伺服驱动系统。所采用的驱动电机主要是交流伺服电机、直流伺服电机和步进电机。

　　由于电机转速快，通常须采用减速机构（如谐波传动、RV摆线针轮传动、齿轮传动等），使其结构比较复杂。目前，有些机器人已开始采用无减速机构的大转矩、低转速电机进行直接驱动（DD），这既可使机构简化，又可提高控制精度。

（1）步进电机

　　步进电机（图2-28）是将电脉冲信号变换为相应的角位移或直线位移的部件，它的角位移和线位移量与脉冲数成正比，转速或线速度与脉冲频率成正比。在负载能力的范围内，这些关系不因电源电压、负载大小、环境条件的波动而变化，误差不长期积累，步进电机驱动系统可以在较宽的范围内，通过改变脉冲频率来调速，实现快速启动、正反转制动。但由于其存在过载能力差、调速范围相对较小、低速运动有脉动、不平衡等缺点，故一般只应用于小型或简易型机器人中。常用的有永磁式步进电机、反应式步进电机及混合式步进电机。

(2) 伺服电机

伺服电机（图 2-29）是指带有反馈的直流电机、交流电机、步进电机，是一种能够根据外部反馈信号来调整输出的电机，通过控制器与传感器之间的精密协作，实现运动精确控制。伺服电机控制精度高、响应速度快，在机器人领域起着至关重要的作用，是实现精确位置控制及运动控制的核心部件。伺服电机主要由电机本体、传感器、控制器等部件组成。其中，电机本体采用某种类型的电机结构，如直流电机、交流电机等；传感器负责实时检测电机的运动状态和位置信息；控制器根据传感器反馈的信息，对电机进行精确控制，实现所需的位置、速度和力的控制。

图 2-28　步进电机　　　　　　　　　　　　　图 2-29　伺服电机

直流伺服电机分为有刷电机和无刷电机。有刷电机成本低、结构简单、启动转矩大、调速范围宽、控制容易，但需要维护（换碳刷），会产生电磁干扰，因此它常用于低成本的普通工业和民用场合。无刷电机体积小、重量轻、出力大、效率高、响应快、转速高、噪声低、运行温度低、寿命长、转动平滑、容易实现智能化，但控制复杂，电机免维护，可用于各种环境。

交流伺服电机也是无刷电机，分为同步电机和异步电机，运动控制中一般都用同步电机，它的功率范围大，最高转动速度低，且随着功率增大而快速降低。交流伺服电机结构简单、制造方便、价格低廉、坚固耐用、惯量小、易于提高系统的快速性，适用于高速、大力矩工作状态，运行可靠、很少需要维护，可用于恶劣环境等。交流伺服电机由于采用电子换向，无换向火花，故在易燃易爆环境中得到了广泛的使用。机器人关节驱动电机的功率范围般为 0.1～10 千瓦。交流伺服电机、直流伺服电机均采用位置闭环控制，一般用于高精度、高速度的机器人驱动系统中。

2.5.2　液压驱动系统

在机器人的发展过程中，液压驱动是较早被采用的驱动方式。世界上首先问世的商品化机器人"Unimate"就是液压机器人。

液压系统由液压源（油泵）、驱动器（各种液压缸、液压马达，如图 2-30 所示）、伺服阀、传感器和控制器等组成，通过这些元器件的组合，组成伺服控制系统，液压源产生一定的压力，通过伺服阀控制液体的压力和流量，从而由驱动器带动执行机构工作。

液压缸的推杆做直线运动，可以直接推动机械手臂伸缩运动；液压马达类似电机，由液压驱动输出轴转动，可以带动机器人手臂关节做回转运动。

液压驱动的特点是输出力和功率更大、力或力矩惯量比大，动作平稳、耐冲击、响应快速、防爆性好，易于实现直接驱动等，故适于在承载能力大、惯量大、防爆环境条件下使用，常用于大型机器人关节的驱动。但效率比电驱动要低，而且液压元件要求有较高的制造精度和密封性能，液压系统液体泄漏会对环境和设备造成污染，工作噪声较高，对机器人的体积和重量有一定的要求。

(a) 液压缸

(b) 液压马达

图 2-30　液压驱动器

2.5.3　气压驱动系统

气压驱动系统通过压缩气体的压力来驱动机器人的运动和操作。这种驱动方式的优点是气源方便、动作迅速、结构简单、造价较低、维修方便、具有缓冲作用；缺点是空气具有可压缩性，致使工作速度的稳定性较差，刚度差，难以进行速度控制，所以多用于精度不高的点位控制机器人，因气源压力不可太高，故此类机器人适宜抓举力要求较小的场合。

气压驱动系统主要由气源装置（空气压缩机）、执行元器件（气缸、气动马达）、控制元器件及辅助元器件 4 部分组成。

气压驱动系统的运动方式与液压驱动类似。

2.5.4　新型驱动器

随着机器人技术的不断发展，出现了一些利用新的原理工作的驱动器，如压电驱动器、静电驱动器、人工肌肉驱动器、形状记忆合金驱动器、磁致伸缩驱动器、超声波电机、光驱动器等。

压电驱动器是利用压电材料的逆压电效应，将电能转变为机械能或机械运动，实现微量位移的执行装置。压电材料具有易于微型化、控制方便、低压驱动、对环境影响小以及无电磁干扰等很多优点。

超声波电机是 20 世纪 80 年代中期发展起来的一种全新概念的新型驱动装置，它利用压电材料的逆压电效应，将电能转换为弹性体的超声振动，并将摩擦传动转换成运动体的回转或直线运动。该种电机具有转速低、转矩大，可实现直接驱动；动作响应快、控制性能好、结构紧凑、体积小、噪声小、断电自锁等优点，它与传统电磁式电机最显著的差别是无磁且不受磁场的影响。它的缺点是摩擦损耗大、效率低，只有 $10\%\sim40\%$，输出功率小，目前实际应用的只有 10 瓦左右，寿命短，只有 $1000\sim5000$ 小时，不适合连续工作。

形状记忆合金是一种特殊的合金，即使产生变形，但当加热到某一适当温度时，它就能恢复到变形前的形状。利用这种技术的驱动器即为形状记忆合金驱动器。它具有位移较大、功率质量比高、变位迅速、方向自由的特点。形状记忆合金驱动器可做成非常简单的形式，在工作时不存在外摩擦，因此工作时无任何噪声，不会产生磨粒，没有任何污染，这对微型化也是非常有利的。特别适用于小负载、高速度、高精度的机器人装配作业，以及显微镜内样品移动装置、反应堆驱动装置、医用内窥镜、人工心脏、探测器、保护器等产品上。

某些磁性体的外部一旦加上磁场则其外形尺寸就会发生变化，利用这种现象制作的驱动器称为磁致伸缩驱动器。1972 年，Clark 等首先发现在室温下 Laves 相稀土-铁化合物 RFe_2（R 代表稀土元素）的磁致伸缩是 Fe、Ni 等传统磁致伸缩材料的 100 倍，这种材料称为超磁致伸缩材料。超磁致伸缩材料具有伸缩效应变大、响应速度快、输出力大等特点。

人工肌肉驱动器为骨架-腱-肌肉的生物运动方式，是为了使机器人手臂能完成比较柔顺的作业任务，实现骨骼-肌肉的部分功能而研制的驱动装置。现在已经研制出多种不同类型的人工肌肉，例如利用机械化学物质的高分子凝胶、形状记忆合金制作的人工肌肉，应用最多的还是气动人工肌肉。

气动人工肌肉是一种拉伸型气动执行元器件，当通入压缩空气时，能像人类的肌肉那样，产生很强的收缩力，所以称为气动人工肌肉。其结构简单、紧凑，在小型、轻质的机械手开发中具有突出优势；它的高度柔性使其在机器人柔顺性方面很有应用潜力；它安装简便、不需要复杂的机构及精度要求，甚至可以沿弯角安装；无滑动部件，动作平滑，响应快，可实现极慢速的、更接近于自然生物的运动；同时，它还具备价格低廉、输出力/自重比高、节能、自缓冲、自阻尼、防尘、抗污染等优点，所以在灵巧手的设计中采用了气动人工肌肉驱动的方式。

如图 2-31 所示为英国 Shadow 公司生产的 Mckibhen 型气动人工肌肉示意，其传动方式为人工腱传动。所有手指都由柔索驱动，而人工肌肉则固定于前臂上，柔索穿过手掌与人工肌肉相连，驱动手腕动作的人工肌肉固定于大臂上。

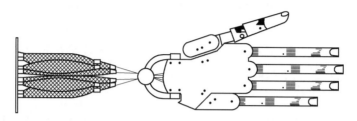

图 2-31　美国 Shadow 公司生产的 Mckibben 型气动人工肌肉示意

2.6 机器人的传动装置

在机器人的驱动中，如果用转速高的电机驱动机械臂低速转动，就要用到减速装置。另外，如果要用旋转的电机实现机械臂的直线运动，则要用到将旋转变换为直线运动的装置，比如齿轮齿条、丝杠传动装置等，如图 2-32 所示。

在机器人中，减速装置是连接机器人动力源和执行机构的中间装置，是保证机器人实现到达目标位置的精确度的核心部件。通过合理地选用减速装置，可精确地将机器人动力源转速降到机器人所需要的速度。与通用减速装置相比，应用于机器人关节处的减速装置具有体积小、功率大、重量轻和易于控制等特点。

目前应用于机器人的减速装置产品主要有三类，分别是谐波减速器、RV 减速器和摆线针轮减速器，关节机器人主要采用谐波减速器和 RV 减速器。在关节机器人中，由于 RV 减速器具有更高的刚度和回转精度，一般将 RV 减速器放置在机座、大臂、肩部等重负载的位置，而将谐波减速器放置在小臂、腕部或手部等轻负载的位置。

(1) 机器人的谐波减速器

谐波减速器是利用行星轮传动原理发展起来的一种新型减速器，如图 2-32 (a) 所示，是依靠柔性零件产生弹性机械波来传递动力和运动的一种行星轮传动。谐波减速器由固定的内齿刚轮、柔轮和使柔轮发生径向变形的波发生器三个基本构件组成。它具有结构简单、体积小、重量轻、传动比范围大、传动精度高、承载能力大、传动效率高、运动平稳、无冲击、噪声小等优点，在机器人领域得到了广泛应用。

(2) 机器人的 RV 减速器

RV 减速器由一个行星齿轮减速器的前级和一个摆线针轮减速器的后级组成，RV 减速器具有结构紧凑，传动比大，以及在一定条件下具有自锁功能的传动机械，体积小、重量轻、扭转刚度大、传动比范围大、寿命长、精度保持稳定、效率高、传动平稳等优点，在机器人领域占有主导地位，如图 2-32（b）所示。RV 减速器与谐波减速器相比，具有较高的疲劳强度、刚度和寿命，而且回差精度稳定，不像谐波减速器那样随着使用时间增长，运动精度显著降低，因此世界上许多高精度机器人的传动装置多采用 RV 减速器。

(a) 谐波减速器　　　　　　　　　　　　　　　(b) RV减速器

(c) 同步带传动　　　　　　　　　　　　　　　(d) 滚珠丝杠传动

图 2-32　机器人常用的传动装置

（3）丝杠传动机构

丝杠传动机构的作用是把电机的转动转变为直线运动，主要有滑动丝杠、滚珠丝杠等。机器人传动用的丝杠具有结构紧凑、间隙小和传动效率高等特点。滑动丝杠与螺母之间是滑动摩擦，传动中不会产生冲击，传动平稳，无噪声，能自锁，可以用较小的驱动转矩获得较大的牵引力，但是传动效率低。滚珠丝杠与螺母之间有滚珠，是滚动摩擦，传动效率高，而且传动精度和定位精度都很高，传动时灵敏度和平稳性也很好，由于磨损小，滚珠丝杠的使用寿命比较长，但成本较高。机械臂的伸缩、升降等很多地方都用到了丝杠传动机构。

（4）同步带传动

同步带的传动面上有与带轮啮合的齿，因此同步带传动时无滑动，初始张力小，被动轴的轴承不易过载。因无滑动，它除了用作动力传动外，还适用于定位。同步带传动属于低惯性传动，适合在电机和高速比减速器之间使用。

（5）绳传动

绳传动广泛应用于机器人的手爪开合传动，特别适合有限行程的运动传递。绳传动的主要优点是钢丝绳强度大，各方向上的柔性好，尺寸小，预载后能消除传动间隙。绳传动的主要缺点是不加预载时存在传动间隙；因为绳索的蠕变和索夹的松弛，使传动不稳定；多层缠绕后，在内层绳索及支承中损耗能量，效率低。

（6）钢带传动

钢带传动与绳传动结构类似，它的优点是传动比精确，传动件重量轻，惯量小，传动参数稳定，柔性好，不需要润滑，强度高，钢带末端紧固在驱动轮和被驱动轮上，因此，摩擦力不是传动的重要因素。钢带传动适合有限行程的传动。

2.7　机器人的感觉器官

机器人感知系统担任着神经系统的角色，将机器人各种内部状态信息和环境信息从信号转变为机器人自身或者机器人之间能够理解和应用的数据、信息甚至知识，它与机器人控制系统和决策系统组成机器人的核心。机器人是通过传感器获取各种信息的，传感器相当于人的眼睛、鼻子等感觉器官。传感器及其信息处理系统，是构成机器人智能的重要部分，它为机器人智能作业提供决策依据。机器人工作的稳定性和可靠性依赖于机器人对工作环境的感知和自主的适应能力，因此需要高性能传感器及各传感器之间协调工作。

传感技术是先进机器人的三大要素（感知、决策和动作）之一，机器人根据完成的任务不同，配置的传感器类型和规格也不同。

传感器是一种测量物体的物理量变化（如位移、力、加速度、温度等），并将这些变化转换成电信号（如电压、电流等）的检测部件或装置，通常由敏感元件、转换元件、转换电路和辅助电源等组成。其中，敏感元件的基本功能是将某种不易测量的物理量转换为易于测量的物理量；转换元件的功能是将敏感元件输出的物理量转换成电量；转换电路的功能是将敏感元件产生的不易测量的小信号进行变换放大，使传感器输出的信号能够由机器人系统处理。

通常根据用途不同，机器人传感器可以分为两大类：用于检测机器人自身状态的内部传感器和用于检测机器人相关环境参数的外部传感器。

内部传感器常用于检测机器人自身的状态参数，如关节的位移、速度、加速度、力和力矩，还有倾斜角和振动等物理量。

外部传感器则主要用于检测机器人周边环境情况及工作状况，通常与机器人的目标识别、作业安全等因素有关。外部传感器可分为非接触传感器和接触传感器，通常包括视觉传感器、接近觉传感器、听觉传感器、嗅觉传感器、距离传感器、触觉传感器、滑觉传感器、力传感器和温度传感器等。如图 2-33 所示为机器人传感器的分类。

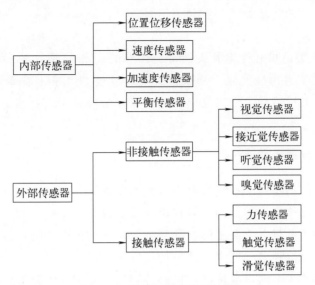

图 2-33　机器人传感器的分类

2.7.1　位置位移传感器

机器人的位置位移传感器可分为两类。

① 检测规定的位置，常用 ON/OFF 两个状态值。这种方法用于检测机器人的起始原点、终点位置或某个确定的位置。常用的检测元件有微型开关、光电开关等。规定的位移量或力作用在微型开关的可动部分上，开关的电气触点断开（常闭）或接通（常开）并向控制回路发出动作信号。

② 测量可变位置和角度（即测量机器人关节线位移和角位移）的传感器，是机器人位置反馈控制中必不可少的元器件。常用的有电位器、旋转变压器、编码器等。其中编码器既可以检测直线位移，又可以检测角位移。

(1)　光电开关

光电开关是由 LED 光源和光敏二极管或光敏晶体管等光敏元件，相隔一定距离而构成的透光式开关。光电开关的特点是非接触检测，精度可达到 0.5 毫米左右。

① 漫反射式光电开关。漫反射式光电开关是一种集发射器和接收器于一体的传感器，当有被检测物体经过时，将光电开关发射器发射的足够量的光线反射到接收器，于是光电开关就产生了开关信号。当被检测物体的表面光亮或其反光率极高时，漫反射式光电开关是首选的检测模式。

② 镜反射式光电开关。镜反射式光电开关也是集发射器与接收器于一体，光电开关发射器发出的光线经过反射镜，反射回接收器，当被检测物体经过且完全阻断光线时，光电开关就产生检测开关信号。

③ 对射式光电开关。对射式光电开关包含在结构上相互分离且光轴相对放置的发

射器和接收器，发射器发出的光线直接进入接收器。当被检测物体经过发射器和接收器之间且阻断光线时，光电开关就产生开关信号。当检测不透明物体时，对射式光电开关是最可靠的检测模式。

④ 槽式光电开关。槽式光电开关通常是标准的 U 形结构，其发射器和接收器分别位于 U 形槽的两边，并形成光轴。当被检测物体经过 U 形槽且阻断光轴时，光电开关就产生检测到的开关量信号。槽式光电开关比较安全可靠，适合检测高速变化、分辨透明与半透明物体。

(2) 电位器式位移传感器

电位器式位移传感器由一个绕线电阻（或薄膜电阻）和一个滑动触点组成。滑动触点通过机械装置受被检测量的控制，当被检测量的位置发生变化时，滑动触点也发生位移，从而改变滑动触点与电位器各端之间的电阻值和输出电压值，传感器根据这种输出电压值的变化，可以检测出机器人各关节的位置和位移量。

按照传感器的结构不同，电位器式位移传感器可分为直线型电位器式位移传感器和旋转型电位器式位移传感器，如图 2-34 所示。

直线型电位器式位移传感器主要用于检测直线位移，其电阻器采用直线型螺线管或直线型碳膜电阻，滑动触点也只能沿电阻的轴线方向做直线运动。直线型电位器式位移传感器的工作范围和分辨率受电阻器长度的限制，绕线电阻、电阻丝本身的不均匀性会造成传感器的输入、输出关系的非线性。

旋转型电位器式位移传感器的电阻元件呈圆弧状，滑动触点在电阻元件上做圆周运动。由于滑动触点等的限制，传感器的工作范围只能小于 360 度。机器人关节轴与传感器的旋转轴相连，根据测量的输出电压数值，即可计算出关节对应的旋转角。

电位器式位移传感器具有性能稳定、结构简单、使用方便、尺寸小、重量轻等优点，主要缺点是容易磨损，可靠性和寿命受到一定的影响。

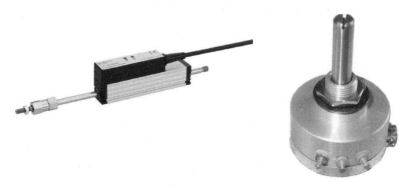

图 2-34　电位器式位移传感器

(3) 光电编码器

光电编码器是集光、机、电技术于一体的数字化传感器，它利用光电转换原理将旋转信息转换为电信息，并以数字代码输出，可以高精度地测量转角或直线位移。光电编码器具有测量范围大、检测精度高、价格便宜等优点，在机器人的位置检测领域得到了广泛的应用，一般把该传感器装在机器人各关节的转轴上，用于测量各关节转过的角度。

光电编码器分为绝对式和增量式两种类型。

① 绝对式光电编码器是一种直接编码式的测量元件，主要由多路光源、光敏元件和编码盘组成。它可以直接把被测转角或位移转化成相应的代码，指示的是绝对位置而无绝对误差，在电源切断时不会失去位置信息，但其结构复杂、价格昂贵，且不易做到高精度和高分辨率。

② 增量式光电编码器主要由光源、编码盘、检测光栅、光电检测器件和转换电路组成。它能够以数字形式测量出转轴相对于某一基准位置的瞬间角位置，此外还能测出转轴的转速和转向。

如图 2-35 所示为光电式增量编码器的结构。在圆盘上规则地刻有透光和不透光的线条，在圆盘两侧，安放发光元件和光敏元件。光电编码器的光源最常用的是自身有聚光效果的发光二极管。当光电码盘随工作轴一起转动时，光线透过光电码盘和光栅板狭缝，形成忽明忽暗的光信号。光敏元件把此光信号转换成电脉冲信号，通过信号处理电路后，向数控系统输出脉冲信号，也可由数码管直接显示位移量。

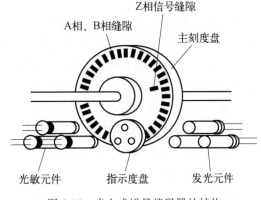

图 2-35　光电式增量编码器的结构

增量式光电编码器的构造简单，易于实现；机械平均寿命长，可达到几万小时；分辨率高；抗干扰能力较强，可靠性较高；信号传输距离较长，但是无法直接读出转动轴的绝对位置信息。增量式光电编码器应用更为广泛，特别是在高分辨率和大量程角速率/位移测量系统中更具有优越性。

2.7.2　速度、加速度传感器

(1) 编码器

编码器既可用作位置传感器，也可用作速度传感器。如果用编码器测量位移，那么就没有必要再单独使用速度传感器。对任意给定的角位移，编码器将产生确定数量的脉冲信号，通过统计指定时间内脉冲信号的数量，就能计算出相应的角速度。单位时间越短，得到的速度值就越准确，越接近实际的瞬时速度。但是，如果编码器的转动很缓慢，则测得的速度可能会变得不准确。

(2) 测速发电机

测速发电机是一种用于检测机械转速的电磁装置，它能把机械转速变换为电压信号，其输出电压与输入的转速成正比，其实质是一种微型发电机，可以作为测速、校正和解算元件，广泛应用于机器人的关节速度测量中。

（3）加速度传感器

随着机器人的高速化和高精度化，由机械运动部分刚性不足所引起的振动问题需要限制。从测量振动的目的出发，加速度传感器日趋受到重视，主要有应变片加速度传感器、伺服加速度传感器。可在机器人的各杆件上安装加速度传感器来测量振动加速度，并把它反馈到杆件的驱动器上；也可把加速度传感器安装在机器人手爪上，将测得的加速度加到反馈环节中，以改善机器人的性能。

2.7.3 力觉传感器

力觉是指机器人的指、腕和关节等运动中所受力或力矩的感知，用于感知夹持物体的状态，校正由于手臂等变形所引起的运动误差，保护机器人及零件不会损坏。机器人力觉传感器经常装于机器人关节处，通过检测弹性体变形来间接测量所受力，是机器人获得实际操作时的大部分力信息的装置，它直接影响着机器人的力控制性能。机器人在进行装配、搬运、研磨等作业时需要对工作力或力矩进行控制。例如在拧紧螺钉过程中需要有确定的拧紧力矩；搬运时，机器人手爪对工件需要有合理的握紧力，握力太小不足以搬动工件，太大则会损坏工件。

力觉传感器根据力的检测方式不同，可分为应变片式（检测应变或应力）、压电元件式及差动变压器式、电容位移计式等。其中，应变片式力觉传感器最普遍，商品化的力传感器大多是这一种。应变片式力觉传感器的元件大多使用半导体应变片。将这种应变片安装于弹性结构的被检测处，就可以直接地或通过计算机检测具有多维的力和力矩。

（1）应变片

应变片的电阻值与其受力产生的形变成正比，而形变本身又与施加的力成正比。于是，通过测量应变片的电阻，就可以确定施加力的大小。应变片常用于测量末端执行器和机器人腕部的作用力。例如，IBM7565机器人的手爪端部就装有一组应变片，通过它们可测定手爪的作用力。控制器得到力的大小，并对此做出相应的反应。

（2）多维力传感器

多维力传感器指的是一种能够同时测量两个方向以上力及力矩分量的力传感器，六维力/力矩传感器是多维力传感器最完整的形式，即能够同时测量三维空间的三个力分量和三个力矩分量的传感器，广泛使用的多维力传感器就是这种传感器，它是智能机器人实现力觉的关键零部件。

除六维力传感器外，还有二、三、四、五维的多维力传感器，每一种传感器都可能包含有多种组合形式。

这些多维力传感器可以广泛应用于机器人的末端执行器、关节、底盘等部位，使机器人能够感知到自身的姿态、负载、摩擦、碰撞等信息，以及与环境和人类的接触、抓取、操作等信息。通过多维力传感器，机器人可以实现多种复杂的力控制策略，如阻抗控制、自适应控制、滑模控制等，以及多种高级的力觉功能，如力觉反馈、力觉融合、力觉学习等。这些功能可以使机器人在不确定的环境中完成各种精细的操作，如打磨、装配、拧紧、切割、碰撞检测、缝合等，以及与人类进行友好的交互，如握手、拥抱、按摩等。

三维力传感器能同时检测三维空间的三个力信息，控制系统通过它不但能检测和控制机器人手抓取物体的握力，而且可以检测抓取物体的重量，以及在抓取操作过程中是否有滑动、振动等。用于机器人手指的三维指力传感器有侧装式和顶装式两种，侧装式三维力指力传感器一般用于二指的机器人夹持器，顶装式三维指力传感器一般用于机器人多指灵巧手。

六维力传感器（图 2-36）利用弹性元件的变形来测量力和力矩，弹性元件是六维力传感器的核心部件，它的形状、尺寸、材料和布局决定了六维力传感器的性能。根据弹性元件的形状可以分为圆盘式、环形式、平行四边形式、六棱柱式等；根据检测元件的类型可以分为应变片式、压电式、光纤式、霍尔式等；根据应用场合可以分为工业型、医疗型、教育型、娱乐型等。广泛应用于精密装配、自动磨削、轮廓跟踪、双手协调、零力示教等作业中，在航空、航天及机械加工、汽车等行业中有广泛的应用。

图 2-36　六维力传感器

六维力传感器的尺寸和重量都需要不断减小，以适应机器人的小型化和轻量化的趋势，以及机器人的各个部位的安装空间和负载限制。这就需要采用更紧凑的布局、更轻便的材料、更微型的检测元件、更集成的电路等手段，来缩小六维力传感器的体积和重量。

按传感器安装部位来说，力觉传感器可分为腕力传感器、关节力传感器、握力传感器、脚力传感器、手指力传感器等。

腕力传感器安装于腕关节处，测量三个方向的力（力矩），目前常用六维力觉传感器，使用最广泛的是电阻应变片式，按其弹性体结构形式可分为筒式和十字形两种。其中筒式腕力传感器具有结构简单、弹性梁利用率高、灵敏度高的特点；而十字形腕力传感器结构简单、坐标建立容易，但加工精度高。腕力传感器两端通过法兰盘分别与机器人腕部和手爪相连接。当机械手夹住工件进行操作时，通过腕力传感器可以输出三维

（力和力矩）分量反馈给机器人控制系统，以控制或调节机械手的运动，完成所要求的作业。由于腕力传感器既是测量的载体，又是传递力的环节，所以腕力传感器的结构一般为弹性结构梁，通过测量弹性体的变形得到 3 个方向的力（力矩）。

手指力传感器，一般通过应变片或压阻敏感元件测量多维力而产生输出信号，常用于小范围作业，如灵巧手抓鸡蛋等实验，精度高、可靠性好，渐渐成为力控制研究的一个重要方向，但多指协调复杂。

两足步行机器人在人类生活的环境中应用较为方便，但不稳定，控制较复杂。为了解步行时的状态，需要在脚部安装各种传感器，其中脚力传感器是与外界接触的传感器，对步行控制来说是相当重要的。马斯克展示的 Optimus Gen2 人形机器人，在步行速度上相比前一代提升 30%，除单腿实现瑜伽动作之外，还能平稳实现 90 度深蹲。Optimus Gen2 人形机器人实现稳态行走的背后，除了减速器的作用外，显然与其足部增加六维力传感器有关，让机器人在脚步反馈方面有了稳步提升。

2.7.4　视觉传感器

人类从外界获得的图像信息大多数是由眼睛得到的。人的眼睛是由含有感光细胞的视网膜和作为附属结构的折光系统等部分组成的，适宜的刺激波长是 370～740 纳米的电磁波。在这个可见光谱的范围内，人脑通过接收处理来自视网膜的传入信息，可以看清视野内发光物体或反光物体的轮廓、形状、颜色、大小、远近和表面细节等情况。

机器人视觉可为机器人的动作控制提供视觉反馈；利用视觉信息跟踪路径，检测障碍物以及识别路标或环境，以确定机器人所在方位，为移动式机器人的视觉导航；代替或帮助人工对质量控制、安全检查进行所需要的视觉检验，广泛应用于电子、汽车、机械等工业部门和医学、军事领域。将近 80% 的工业视觉系统主要用在检测方面，包括用于提高生产效率、控制生产过程中的产品质量、采集产品数据等。

机器人视觉硬件主要包括图像获取和视觉处理分析、输出或显示三部分，而图像获取部分由照明系统、视觉传感器、模拟-数字转换器和帧存储器等组成。图像获取设备包括工业相机、立体相机、摄像机等；图像处理设备包括相应的计算机软件和硬件系统。机器人通过视觉传感器获取环境的二维图像，并通过视觉处理器进行分析和解释，进而转换为符号，让机器人能够辨识物体，并确定其位置。目前的视觉技术已经能够识别人的手势和面部表情，即人机界面的功能也可以实现。

视觉传感器是利用光学元件和成像装置获取外部环境图像信息的仪器，主要功能是获取足够的机器视觉系统要处理的最原始图像，是整个机器视觉系统信息的直接来源，主要由图像传感器组成，有时还要配以光投射器及其他辅助设备。图像传感器主要使用激光扫描器、电荷耦合器件（charge coupled device，CCD）、互补金属氧化物半导体（complementary metal oxide semiconductor，CMOS）。

客观世界中三维物体经由视觉传感器转变为二维的平面图像，再经图像处理，输出该物体的图像。通常机器人判断物体位置和形状需要两类信息，即距离信息和明暗信息，还有色彩信息。机器人视觉系统对光线的依赖性很大，往往需要好的照明条件，以便使物体所形成的图像最为清晰，因此还需要一定的灯光照明。

视频摄像头（TV 摄像机）是一种广泛使用的图像输入设备，如图 2-37 所示。它能将景物、图片等光学信号通过光电器件转换成电信号或图像数据，主要由摄影镜头、摄像管或其他光电转换器、放大器和扫描电路等组成，有黑白电视摄像机和彩色电视摄像机两种。目前，彩色电视摄像机虽然已经很普遍，价钱也不太贵，但在工业视觉系统中却还常常选用黑白电视摄像机，主要原因是系统只需要具有一定灰度的图像，经过处理后变成二值图像，再进行匹配和识别，具有处理数据量小、处理速度快的优点。

图 2-37 　 视频摄像头

工业相机又俗称工业摄像机，如图 2-38 所示，相比于传统的民用相机（摄像机）而言，它具有高的图像稳定性、高传输能力和高抗干扰能力等，市面上工业相机大多是基于 CCD 或 CMOS 芯片的相机。

图 2-38 　 海康工业相机

CCD 是一种半导体器件，是目前机器视觉最为常用的图像传感器。它集光电转换及电荷存储、电荷转移、信号读取于一体，是典型的固体成像器件。CCD 的特点是以电荷作为信号，而不同于其他器件是以电流或者电压为信号，它能够将光线变为电荷并将电荷存储及转移，也可将存储的电荷取出使电压发生变化。这类成像器件通过光电转换形成电荷包，而后在驱动脉冲的作用下转移、放大输出图像信号。典型的 CCD 相机由光学镜头、时序及同步信号发生器、垂直驱动器、模拟/数字信号处理电路组成。CCD 具有无滞后、低电压工作、低功耗等优点，以其构成的相机具有体积小、重量轻、不受磁场影响、具有抗震动和撞击的特性而被广泛应用。

CMOS 图像传感器的开发最早出现在 20 世纪 70 年代初，90 年代初期，随着超大规模集成电路（VLSI）制造工艺技术的发展，CMOS 图像传感器得到迅速发展。CMOS 图像传感器将光敏元阵列、图像信号放大器、信号读取电路、模数转换电路、图像信号处理器及控制器集成在一块芯片上，还具有局部像素的编程随机访问的优点。CMOS 图像传感器以其良好的集成性、低功耗、高速传输和宽动态范围等特点在高分辨率和高速场合得到广泛的应用。

2.7.5　听觉传感器

人用语言指挥机器人比用键盘指挥更方便，因此需要听觉传感器对人发出的各种声音进行检测，然后通过语言识别系统识别出命令、执行命令。例如，小爱同学、Siri 等智能助手，它们可以识别并执行人们的语音指令，让人们享受到语音交互的便捷。要实现该想法需要听觉传感器及语音识别系统。

听觉传感器的功能是将声音信号转换为电信号，通常也称传声器、麦克风、话筒。常用的听觉传感器有动圈式传感器、电容式传感器，这就是机器人的"耳朵"。机器人"听到声音"，就是将声音转换成电信号，然后经过对电信号的处理，获得声音包含的信息。

机器人如何模拟人类的听觉功能？这主要依赖声音识别技术，也就是为了将声音信号转化为机器可以理解的代码，机器人要通过语音识别芯片对传感器采集的语音信号进行识别和理解，转变为相应的文本或代码。这种技术需要处理大量的数据，通过复杂的算法来识别和解析声音信息。

机器人如何模仿人类的说话功能？它们需要拥有一个强大的语音合成系统，将文字信息转化为语音。正如人们可以说出丰富多彩的语言，优秀的语音合成系统也可以生成接近真实人类语音的输出。例如，谷歌的语音合成技术，可以生成流畅、自然的语音，让人与机器人之间的交流更加畅快。

听觉系统的另一个功能是要定位（或定向）声音的来源，这就需要机器人听觉系统通过麦克风阵列模拟"人耳"来实现。"定位（或定向）"的本质是为了从声音信号中获得目标的位置（或方向）信息，就需要 2 个以上配置在空间不同位置的声音传感器构成阵列，对于声源定位，该传感器阵列便是麦克风阵列。应用于机器人听觉的麦克风阵列有两种模式："双耳"模式，即"双耳系统"，模仿人类的听觉系统；"多耳"模式，尽可能使用更多的麦克风构成阵列。

2.7.6　触觉传感器

触觉传感器是用于判断机器人（主要指手脚）是否接触到外界物体或测量被接触物体特征的传感器，检测与对象是否接触，接触的位置，确定对象位置，感知物体的形状、软硬，进行速度控制、保障安全。

触觉传感器有微动开关式、导电橡胶式、含碳海绵式、碳素纤维式、气动复位式等类型。

(1) 微动开关式

它由弹簧和触头构成。触头接触外界物体后离开基板，造成信号通路断开，从而测到与外界物体的接触。这种常闭式（未接触时一直接通）微动开关的优点是使用方便，结构简单；缺点是易产生机械振荡，触头易氧化。

(2) 导电橡胶式

它以导电橡胶为敏感元件，当触头接触外界物体受压后，压迫导电橡胶，使它的电阻发生改变，从而使流经导电橡胶的电流发生变化。这种传感器的缺点是：由于导电橡胶的材料配方存在差异，出现的漂移和滞后特性也不一致，优点是具有柔性。

(3) 含碳海绵式

它在基板上装有由海绵构成的弹性体，在海绵中按阵列布以含碳海绵。接触物体受压后，含碳海绵的电阻减小，测量流经含碳海绵电流的大小，可确定受压程度。这种传感器也可用作压觉传感器。优点是结构简单，弹性好，使用方便，缺点是碳素分布的均匀性直接影响测量结果，受压后恢复能力较差。

(4) 碳素纤维式

以碳素纤维为上表层，下表层为基板，中间装以氨基甲酸酯和金属电极。接触外界物体时，碳素纤维受压与电极接触导电。它的特点是柔性好，可装于机械手臂曲面处，但滞后较大。

(5) 气动复位式

它有柔性绝缘表面，受压时变形，脱离接触时则由压缩空气作为复位的动力。与外界物体接触时，其内部的弹性圆泡（被铜箔）与下部触点接触而导电。它的特点是柔性好，可靠性高，但需要压缩空气源。

简单的触觉传感器以阵列形式排列组合成触觉传感器，它以特定次序向控制器发送接触和形状信息。

触觉传感器可提供的物体信息如图 2-39 所示。当触觉传感器与物体接触时，依据物体的形状和尺寸，不同的触觉传感器将以不同的次序对接触做出不同的反应，控制器就利用这些信息来确定物体的大小和形状。

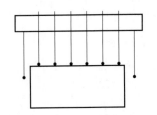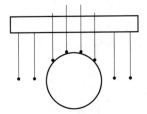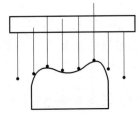

图 2-39　触觉传感器可提供的物体信息

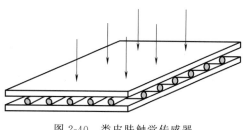

图 2-40　类皮肤触觉传感器

类皮肤连续触觉传感器的功能与人的皮肤类似，需要采用传感器阵列实现，它们被嵌在两层聚合物之间，彼此用绝缘网格隔离，如图 2-40 所示。当有力作用在聚合物上时，力就会被传给周围的一些传感器，这些传感器会产生与所受力成正比的信号。对于分辨率要求较低的场合，使用这些传感器会产生令人满意的效果。

2.7.7　接近觉传感器

接近觉是一种粗略的距离感觉。接近觉传感器用于测量相距对象物体或障碍物的距离、对象物体的表面性质等。接近觉传感器可以探测在几毫米至几十厘米内的近距离范围内，在接触对象之前机器人和对象物体间的空间相对关系信息。它的作用包括：判断在一定距离范围内是否有物体接近，确保安全，防止物体的接近或碰撞；确认物体的存在；检测物体的姿态和位置；测量物体的状态，进而制定操作规划和行动规划。

接近觉传感器一般用非接触式测量元件，有许多不同的类型，如电磁式、涡流式、霍尔效应式、光学式、超声波式、电感式和电容式等。在设计和制造机器人时，还应考虑周围的环境条件及空间限制，选择适合于目标的接近觉传感器，以满足所要求的性能。

(1) 电磁式接近觉传感器

如图 2-41 所示为电磁式接近觉传感器的结构。加有高频信号的励磁线圈产生的高频电磁场作用于金属板，在其中产生涡流，该涡流反作用于线圈。传感器接近金属板时检测线圈的输出会发生变化。

(2) 光学接近觉传感器

光学接近觉传感器由用作发射器的光源和接收器两部分组成。发射器则通常是发光二极管，接收器通常是光敏晶体管，能够感知光线的有无，两者结合就形成了一个光传感器。对于接近觉传感器，物体处在传感器作用范围内时，发射器发出的光才能被接收器接收，否则接收器就接收不到光线，也就不能产生信号。

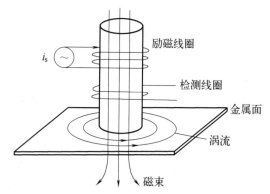

励磁线圈

i_s

检测线圈

金属面

涡流

磁束

图 2-41　电磁式接近觉传感器的结构

(3) 超声波接近觉传感器

在这种传感器中，超声波发射器能够间断地发出高频声波（通常在 200 千赫范围内）。超声波传感器有两种工作模式，即对置模式和回波模式。在对置模式中，接收器放置在发射器对面，而在回波模式中，接收器放置在发射器旁边或与发射器集成在一起，负责接收反射回来的声波。如果接收器在其工作范围内（对置模式）或声波被靠近传感器的物体表面反射（回波模式），则接收器就会检测出声波，并产生相应信号，否则接收器就检测不到声波，也就没有信号。

（4）感应式接近觉传感器

感应式接近觉传感器用于检测金属表面。这种传感器其实就是一个带有铁氧体磁心、振荡器-检测器和固态开关的线圈，当金属物体出现在传感器附近时，振荡器的振幅会很小，检测器检测到这一变化后，断开固态开关。当物体离开传感器的作用范围时，固态开关又会接通。

（5）电容式接近觉传感器

电容式接近觉传感器利用电容量的变化产生接近觉，利用电容极板距离的变化产生电容的变化，可检测出与被接近物的距离。电容式接近觉传感器具有对物体的颜色、构造和表面都不敏感，且实时性好的优点。

（6）涡流接近觉传感器

当导体放置在变化的磁场中时，内部就会产生涡流。涡流传感器具有两个线圈，第一组线圈产生作为参考用的变化磁通，在有导电材料接近时，其中将会感应出涡流，感应出的涡流又会产生与第一组线圈反向的磁通使总的磁通减少。总磁通的变化与导电材料的接近程度成正比，它可由第二组线圈检测出来。涡流传感器不仅能检测是否有导电材料，而且能够对材料的空隙、裂缝、厚度等进行非破坏性检测。

（7）霍尔式接近觉传感器

当磁性物体移近霍尔开关时，开关检测面上的霍尔元件因产生霍尔效应而使开关内部电路状态发生变化，由此识别附近有磁性物体存在，进而控制开关的通或断。这种接近开关的检测对象必须是磁性物体。霍尔开关具有无触电、低功耗、长使用寿命、响应频率高等特点，内部采用环氧树脂封灌成一体化，所以能在各类恶劣环境下可靠地工作。

2.7.8 距离传感器

与接近觉传感器不同，测距仪用于测量较长的距离，它可以探测障碍物或物体表面的形状，并且用于向机器人系统提供早期信息。测距仪一般是基于可见光、红外光、激光和超声波的。

（1）超声波测距仪

超声波测距的原理是利用超声波在空气中的传播速度为已知，测量声波在发射后遇到障碍物反射回来的时间，根据发射和接收的时间差计算出发射点到障碍物的实际距离。超声波系统结构坚固、简单、廉价并且能耗低，可以很容易地用于摄像机调焦、运动探测报警、机器人导航和测距。它的缺点是分辨率和最大工作距离受到限制，其中对分辨率的限制来自声波的波长、传输介质中的温度和传播速度的不一致；对最大距离的限制来自介质对超声波能量的吸收。目前，超声波设备的频率范围在 20 千赫～2 千兆赫之间。

（2）红外测距传感器

红外测距传感器利用红外信号遇到障碍物距离不同、反射强度也不同的原理，进行障碍物远近的检测。红外测距传感器具有一对红外信号发射与接收二极管，发射管发射特定频率的红外信号，接收管接收这种频率的红外信号；当红外的检测方向遇到障碍物时，红外信号反射回来被接收管接收，经过处理之后，通过数字传感器接口传到机器人主机，机器人即可利用红外的返回信号来识别周围环境的变化。受器件特性的影响，一般的红外光电开关抗干扰性差，受环境光影响较大，并且探测物体的颜色、表面光滑程度不同，反射回的红外线强弱也会有所不同。

（3）激光测距仪

激光测距仪是利用调制激光的某个参数实现对目标的距离测量的仪器。

按照测距方法分为相位法测距仪和脉冲法测距仪。相位法激光测距仪是利用检测发射光和反射光在空间中传播时发生的相位差来检测距离的。脉冲式激光测距仪是在工作时向目标射出一束或一序列短暂的脉冲激光束，由光电元件接收目标反射的激光束，计时器测定激光束从发射到接收的时间，计算出从观测者到目标的距离。激光测距仪重量轻、体积小、操作简单、速度快而准确，其误差仅为其他光学测距仪的五分之一到数百分之一。当发射的激光束功率足够时，测程可达 40 千米以上，激光测距仪可昼夜作业，但空间中有对激光吸收率较高的物质时，其测距的距离和精度会下降。

2.7.9 姿态传感器

姿态传感器是用来检测机器人与地面相对关系的传感器，当机器人被限制在工厂的地面时，则没有必要安装这种传感器，如大部分工业机器人。但当机器人脱离了这个限制，并且能够进行自由移动（如移动机器人），安装姿态传感器就成为必要的了。倾斜角姿态传感器测量重力的方向，应用于机械手末端执行器或移动机器人的姿态控制中。根据测量原理，倾斜角传感器分为液体式、垂直振子式和陀螺式。

典型的姿态传感器是陀螺仪。它利用高速旋的转子在旋转过程中旋转轴所指的方向保持不变的特性，来精确确定物体的方位。转子通过万向接头安装在机器人上。如图 2-42 所示为速率陀螺仪的原理。机器人围绕着输入轴以一定角速度转动时，与输入轴正交的输出轴仅转过一定的角度。在速率陀螺仪中，加装了弹簧。卸掉这个弹簧后的陀螺仪称为速率积分陀螺仪，此时输出轴以一定角速度旋转，且此角速度与围绕输入轴

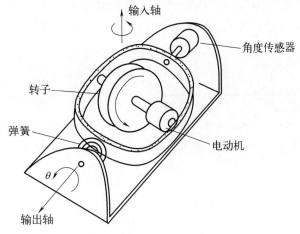

图 2-42　速率陀螺仪的原理

的旋转角速度成正比。

　　姿态传感器设置在机器人的躯干部分，它用来检测移动中的姿态和方位变化，保持机器人的正确姿态，并且实现指令要求的方位。

　　除此之外，还有气体速率陀螺仪、光陀螺仪，前者利用了姿态变化时，气流也发生变化这一现象；后者则利用当环路状光径相对于惯性空间旋转时，沿这种光径传播的光，会因向右旋转而呈现速度变化的现象。

2.7.10　滑觉传感器

　　机器人在抓取不知属性的物体时，其自身应能确定最佳握紧力的给定值，防止打滑。当握紧力不够时，要检测被握紧物体的滑动，利用该检测信号，在不损害物体的前提下，考虑最可靠的夹持方法。滑觉检测的是垂直握持面方向物体的位移，实现此功能的传感器称为滑觉传感器。

　　滑觉传感器有滚动式和球式，还有一种通过振动检测滑觉的传感器。物体在传感器表面上滑动时，和滚轮或环相接触，把滑动变成转动。

　　滚动式滑觉传感器中，滑动物体引起滚轮滚动，用磁铁和静止的磁头，或用光传感器进行检测，这种传感器只能检测到一个方向的滑动；球式传感器用球代替滚轮，可以检测各个方向的滑动；振动式滑觉传感器表面伸出的触针能和物体接触，物体滚动时，触针与物体接触而产生振动，这个振动由压点传感器或磁场线圈结构的微小位移计检测。

(1) 光纤滑觉传感器

　　在光纤滑觉传感系统中，利用滑球的微小转动来进行切向滑觉的转换，在滑球中心嵌入一个平面反射镜。光纤探头由中心的发射光纤和对称布设的四根光信号接收光纤组成。光纤滑觉传感器的结构如图 2-43 所示。传感器壳体中开有一个球冠形槽，可使滑球在其中滑动，滑球的一小部分露出并与乳胶膜相接触，滑动物体通过乳胶膜与滑球发

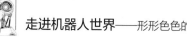

生相互作用。滑球中心平面与一个内嵌平面反射镜的刚性圆板固接。该圆板通过八个仪表弹簧与传感器壳体相连，构成了该滑觉传感器的弹性恢复系统。

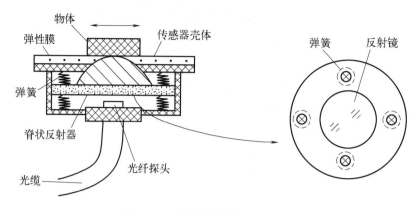

图 2-43　光纤滑觉传感器的结构

（2）机器人专用滑觉传感器

如图 2-44 所示是一种球形机器人专用滑觉传感器。它由一个金属球和触针组成，金属球表面分别间隔地排列着许多导电和绝缘小格。触针头很细，每次只能触及一个格。当工件滑动时，金属球也随之转动，在触针上输出脉冲信号。脉冲信号的频率反映了滑移速度，脉冲信号的数量对应滑移的距离。接触器触头面积小于球面上露出的导体面积，它不仅可做得很小，而且可检测灵敏度。球与握持的物体相接触，无论滑动方向如何，只要球一转动，传感器就会产生脉冲输出。由于该球体在冲击力作用下不转动，因此抗干扰能力强。

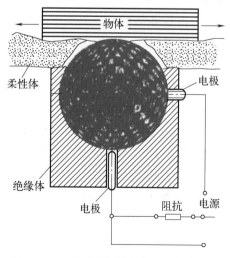

图 2-44　一种球形机器人专用滑觉传感器

2.7.11　温度传感器

温度传感器有接触式和非接触式两种。常用的接触式温度传感器为热电阻、热电偶、半导体温度传感器。热电阻的阻值随温度变化而发生变化，热电偶能够产生一个与温度变化成正比的小电压，半导体温度传感器具有温度敏感的电压与电流特性，用于监测温度的变化。

非接触式温度传感器的敏感元件与被测对象互不接触，可用于测量运动物体、小目标和热容量小或温度变化迅速（瞬变）对象的表面温度，也可用于测量温度场的温度分布。最常用的非接触式测温为辐射测温法。在自然界中，任何物体的温度如果超过绝对零度都会不断地向周围空间发出红外辐射能量。因此，通过对物体自身辐射的红外能量的测量，便能准确地测定它的表面温度。随着红外技术的发展，辐射测温逐渐由可见光向红外线扩展，常温至 700 摄氏度都可测量，且分辨率很高。非接触式温度传感器主要有红外测温传感器、红外热成像仪。

红外测温传感器用于测量某点的温度，只能显示物体表面某一小区域或某一点的温度值。红外热成像仪则可以同时测量物体表面各点温度的高低。

红外热成像仪通过对物体的红外辐射探测，将实际探测到的热量进行精确的量化，将物体发出的不可见红外能量实时转变为可见的热图像。热图像上面的不同颜色代表被测物体的不同温度。通过查看屏幕上热图像显示的图像色彩，可以观察到被测目标的整体温度分布状况，研究目标的发热情况，因此能够准确识别正在发热的疑似故障区域，从而做出判断。

2.7.12　嗅觉传感器

嗅觉是五种基础感知之一，机器人的嗅觉是人形机器人环境感知的重要一环。机器人的嗅觉在环境监测、安全监控、危险环境、医疗卫生等领域中具有广阔的应用前景，可以实现在环境监测场景下对烟雾、多种气体浓度等数据进行采集、判定；在安全监控场景下识别有特殊气味的化学危险品；在危险环境如火灾、煤矿场景下识别危险气体；在医疗卫生领域识别有害物质及人体生病时气味等。

日本于 2006 年开发的护理机器人 RI-MAN，美国为海军的舰载自主消防机器人项目开发的人形机器人 SAFFiR，以及在日本国际机器人展亮相的由川崎重工研发的救援人形机器人均用到机器人的嗅觉技术。

我国已经研制成功了一种嗅敏仪，不仅能嗅出丙酮、氯仿等四十多种气体，还能够嗅出人闻不出来但可以导致人死亡的一氧化碳。这种嗅敏仪有一个由二氧化锡、氯化钯等物质烧结而成的探头（相当于鼻黏膜），当它遇到某些种类气体的时候，它的电阻就发生变化，这样就可以通过电子线路做出相应的显示，用光或者用声音报警。同时，用这种嗅敏仪还可以查出埋在地下的管道漏气的位置。现在利用各种原理制成的气体自动分析仪已经有很多种类，广泛应用于检测毒气、分析宇宙飞船座舱里的气体成分、监察环境等方面。这些气体分析仪，原理和显示都与电现象有关，所以人们把它称为电子鼻。把电子鼻和计算机组合起来，就可以做成机器人的嗅觉系统。

目前，机器人嗅觉主要采用气体传感器或直接购买商用的电子鼻产品进行气味识别。电子鼻也是基于气体传感器的气味识别仪器，主要包含气体传感器阵列和提供系统内分析软件模型的算法。

气体传感器是一种能够感受气体体积分数的变化并将其转变为电信号的换能器，可用于探测在一定区域范围内是否存在特定气体，和/或连续测量气体成分浓度。气体传感器根据工作原理分为直接测量敏感材料电学性能变化的电学型气体传感器和间接测量气体种类与浓度的光学型气体传感器。

电学型气体传感器包括半导体型、电化学型、催化燃烧型。半导体型气体传感器主要根据半导体敏感材料与气体发生反应，导致敏感材料的电子发生得失，从而改变气敏材料的电学性能，通过检测其电学性能的变化即可准确地检测气体，由于其制作简单、

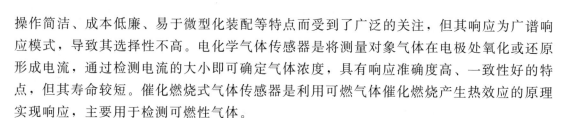

操作简洁、成本低廉、易于微型化装配等特点而受到了广泛的关注，但其响应为广谱响应模式，导致其选择性不高。电化学气体传感器是将测量对象气体在电极处氧化或还原形成电流，通过检测电流的大小即可确定气体浓度，具有响应准确度高、一致性好的特点，但其寿命较短。催化燃烧式气体传感器是利用可燃气体催化燃烧产生热效应的原理实现响应，主要用于检测可燃性气体。

光学型气体传感器主要是红外气体传感器。红外气体传感器是一种基于不同气体分子的近红外光谱选择吸收特性，利用气体浓度与吸收强度关系来检测气体组分并确定其浓度的气体传感装置。该类型的传感器不需要与待测气体直接接触，适用于一些特种环境中的测试，如高污染环境、文物保护等。

作为人工嗅觉的核心元件，气体传感器已经过多年发展。随着物联网、微纳加工技术与人工智能技术的发展，利用气体传感器阵列与人工智能算法构建的人工嗅觉技术在更多的领域中发挥重要作用，实现气体传感器从"功能实现"再到"性能提升"再到"智能化"的发展路线。积极探索气体传感器的新原理、新材料、新机制和新器件，对全面提升人工嗅觉性能、拓展人工嗅觉使用范围具有重要的科学意义和实用价值。

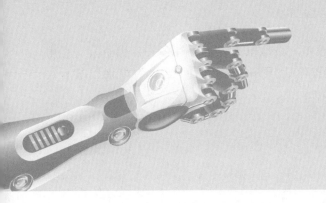

第 3 章

工业机器人

工业机器人是机器人的先行者，现在，在许多工厂里都可以看到机器人忙碌工作的身影，它们不知疲倦地工作，完成很多原来需要工人完成的工作。现在的工厂里，工业机器人代替人的现象比比皆是。工业机器人是"自动控制的、可重复编程、多用途的操作机，可对三个或三个以上轴进行编程，它可以是固定式或移动式。在工业自动化中使用。"工业机器人主要在工业制造领域中应用，包括焊接机器人、装配机器人、搬运码垛机器人、喷涂机器人、机械加工机器人、AGV 小车、物流机器人、协作机器人等。

工业机器人可以 24 小时连续工作，能够做到生产线的最大产量，并且无须给予加班的工时费用。对于企业来说，还能够避免员工长期高强度工作后产生的疲劳、生病带来的请假等误工的情况。生产线换用工业机器人生产后，企业生产只需要留下少数能够操作和维护工业机器人的员工即可。工业机器人在许多生产领域的应用实践证明，在提高生产自动化水平，提高劳动生产率、产品质量及经济效益，改善工人劳动条件等方面，有着令人瞩目的作用。随着科学技术的进步，工业机器人产业必将得到更加快速的发展，也将得到更加广泛的应用。

目前，国际上的工业机器人公司主要分为日系和欧系。日系中主要有安川、发那科、川崎等。欧系中主要有瑞士的 ABB、德国的 KUKA、意大利的 COMAU、英国的 Autotech Robotics 等。我国也涌现出一批优秀的机器人公司，如沈阳新松、安徽埃夫特、广州数控、南京埃斯顿等，工业机器人逐渐形成了产业化规模。

近年来，我国机器人产业发展迅猛，目前，我国已成为全球最大的工业机器人市场，工业机器人装机量全球第一，制造业机器人密度达到每万名工人 392 台。2021～2022 年，受益于 3C、光伏、锂电、汽车等高端制造业的蓬勃发展，我国工业机器人销量大幅提升，从 2020 年的不到 18 万台提升至 2022 年的 28 万～30 万台，其中 1/3 的需求来自电气电子行业，26％来自汽车制造行业；同时单台价值量、操作自由度和可编程性能更高的多关节型机器人销售占比达到 57％。据报道，2023 年中国工业机器人市场销量 31.6 万台，同比增长 4.29％，预计 2024 年市场销量有望突破 32 万台，市场整体延续微增态势；2023 年工业机器人内外资市场份额发生较大的变化，国产工业机器人份额首次突破 50％，达到 52.45％，从销量口径上创出新高。根据 MIR 睿工业预测，2025 年国内工业机器人销量有望达 39.2 万台。

从机械结构的角度来看，工业机器人总体上分为串联机器人和并联机器人，其中串联机器人产生比较早，发展比较快，种类较多，占比最大，主要有多关节机器人、直角坐标机器人等，应用更普遍。工业机器人按作业任务的不同，可以分为焊接、搬运码垛、装配、喷涂、加工、物流等类型机器人。

3.1 焊接机器人

焊接机器人是从事焊接作业的工业机器人，是应用最为广泛的工业机器人之一。目前，焊接机器人的使用量约占全部工业机器人总量的 30%。

焊接机器人按照焊接工艺分为点焊机器人、弧焊机器人、激光焊接机器人、搅拌摩擦焊机器人等类型。市场中常见的是点焊机器人和弧焊机器人这两种。从 20 世纪 60 年代开始，焊接机器人技术日益成熟，与传统的手工焊接方式相比，它可以稳定提高焊件的焊接质量；替代人类在恶劣环境下工作，改善工人的劳动强度，降低工人操作技术的要求，提高企业的劳动生产率。

焊接机器人能够通过预设的程序或远程控制，实现自动焊接，可以使生产更具柔性，极大地提高了生产效率和产品质量，广泛应用于汽车及其零部件制造、航空航天、造船、铁路、建筑等各个行业。

焊接机器人主要包括机器人和焊接设备两部分。机器人由机器人本体和控制柜（硬件及软件）组成。机器人本体的任务是携带机械手末端（焊枪）所需的位置、姿势和运动路径，一般采用通用的工业机器人本体。世界各国生产的焊接机器人本体基本上都属于 6 轴关节机器人，其中，1~3 轴可将末端工具送到不同的空间位置，而 4~6 轴解决焊接工具姿态的不同要求。

而焊接设备，以点焊及弧焊为例，由焊接电源及其控制系统、送丝机（弧焊）、焊枪（钳）等部分组成。此外，为了实现更加精准和灵活的焊接，现代焊接机器人通常还配备有各种传感器和执行器，如视觉传感器、力传感器、红外传感器等，以实现更加智能化的操作。

总之，焊接机器人的机械结构需要具备足够的灵活性和稳定性，以满足不同形状、尺寸和焊接工艺的需求。同时其控制系统也需要精确地控制机器人的运动轨迹和焊接过程，以保证焊接质量和工作效率。

3.1.1 点焊机器人

点焊机器人被广泛应用于薄板材料的点焊焊接，一般采用具有 6 自由度的关节机器人，灵活性比较好，能够实现点到焊件的精确定位，做到精确焊接（图 3-1）。

点焊机器人末端操作器为点焊焊钳。因为点焊只需点位控制，至于焊钳在点与点之间的移动轨迹没有严格要求，所以对焊接机器人的要求不是很高。这也是机器人最早用于点焊的原因。

世界上第一台点焊机器人是美国 Unimation 公司于 1965 年开始推出的 "Unimate"

机器人。我国也在 1987 年自行研制成功第一台点焊机器人——华宇-Ⅰ型点焊机器人。

点焊用的机器人本体不仅要有足够的负载能力，而且在焊接工作中点与点之间移位时速度要快捷，动作要平稳，定位要准确，以减少移位的时间，提高工作效率。点焊机器人需要有多大的负载能力，取决于所用的焊钳形式。如果焊接电源放在机器人之外，末端操作器只有焊钳，30～45 千克负载的机器人就足够了。但是，这种焊钳一方面由于连接电源的电缆线长，电能损耗大，也不利于机器人将焊钳伸入工件内部焊接；另一方面电缆线随机器人运动而不停摆动，电缆的损坏较快。因此，目前采用一体式焊钳逐渐增多，即将焊接电源与焊钳都布置在机器人上。这种焊钳连同焊接电源质量在 70 千克左右。考虑到机器人要有足够的负载能力，能以较大的加速度将焊钳送到空间位置进行焊接，一般都选用 100～150 千克负载的重型机器人。为了适应连续

图 3-1 　 点焊机器人

点焊时焊钳短距离快速移位的要求，新的重型机器人增加了可在 0.3 秒内完成 50 毫米位移的功能，这对电机的性能、计算机的运算速度和算法都提出了更高的要求。

在采用一体化焊钳时，焊接变压器装在焊钳后面，所以变压器必须尽量小型化。对于容量较小的变压器，可以用 50 赫兹工频交流，而对于容量较大的变压器，可采用逆变技术把 50 赫兹工频交流变为 600～700 赫兹交流，使变压器的体积减小、重量减轻。变压后可以直接用交流电焊接，也可以再进行二次整流，用直流电焊接。点焊机器人通常采用气动焊钳，两个电极之间的开口度一般只有两级冲程，而且电极压力一旦调定后是不能随意变化的。近年来出现一种新的电伺服点焊钳，这种焊钳的张开度可以根据实际需要任意选定并预置，而且电极间的压紧力也可以无级调节。

3.1.2 弧焊机器人

弧焊机器人的结构组成与点焊机器人基本相同，唯有末端操作器不同，为弧焊焊枪。20 世纪 80 年代中期，哈尔滨工业大学的蔡鹤皋、吴林等教授研制成功第一台弧焊机器人——华宇-Ⅰ型弧焊机器人。弧焊过程比点焊过程复杂得多，工具中心点，也就是焊丝端头的运动轨迹、焊枪姿态、焊接参数都要求精确控制。所以，弧焊机器人除了前面点焊机器人所述的一般功能外，还必须具备一些适合弧焊要求的功能。弧焊机器人除在做"之"字形拐角焊或小直径圆焊缝焊接时，其轨迹应能贴近示教的轨迹之外，还应具备不同摆动样式的软件功能，供编程时选用，以便做摆动焊，而且摆动在每一周期中的停顿点处，机器人也应自动停止向前运动，以满足工艺要求。此外，还应有接触寻位、自动寻找焊缝起点位置、电弧跟踪及自动再引弧功能等。

弧焊机器人多采用气体保护焊方法（MAG、MIG、TIG），通常的晶闸管式、逆变式、波形控制式、脉冲或非脉冲式等的焊接电源都可以装到机器人上做电弧焊。在弧焊机器人工作周期中电弧时间所占的比例比人工焊接时要大，因此在选择焊接电源时，一

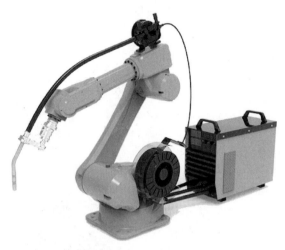

图 3-2　焊接电源分离式弧焊机器人

般应按持续率 100% 来确定电源的容量。

送丝机构可以装在机器人的上臂上，也可以放在机器人之外，前者焊枪到送丝机之间的软管较短，有利于保持送丝的稳定性，而后者软管较长，当机器人把焊枪送到某些位置时，使软管处于多弯曲状态，会严重影响送丝的质量。所以送丝机的安装方式一定要考虑保证送丝稳定性的问题。焊接电源分离式弧焊机器人如图 3-2 所示。

弧焊机器人通过系统设置参数进行自动化焊接，由计算机控制轨道运行和点位的焊接，在焊接作业中可以通过焊缝的规格实现自动焊接。

3.1.3　激光焊接机器人

激光焊接机器人是一种使用激光作为热源的自动化焊接设备，可以实现高速、高精度、高质量的焊接过程。激光焊接机器人系统已越来越广泛地被应用于手机、笔记本电脑等电子设备的摄像头零件、LCD 零件及微型电动机、微型变压器等零部件的焊接，还可用于液晶电视、高端数码照相机、航空航天、军工制造、高端汽车零件制造等领域。激光焊接机器人的工作原理是通过激光器产生高能量密度的激光束，通过光纤或镜头系统传输到加工头，然后聚焦到工件上，使工件局部熔化形成焊缝。半导体激光器作为激光焊接机器人的焊接热源，使得小型化、高性能的激光焊接机器人系统的应用成为现实。

如图 3-3 所示的激光焊接机器人，其运动形式与弧焊机器人类似，一般采用六轴关节机器人，末端安装激光焊接头，并具有高速精准的送丝模块，使用灵活，适合各种复杂产品焊接。

3.1.4　搅拌摩擦焊机器人

搅拌摩擦焊机器人（图 3-4）末端装备一个旋转的工具头，通过工具头旋转和垂直向下的压力，产生摩擦热，将焊接区域的金属加热。机器人带着工具头沿着接头移动，在旋

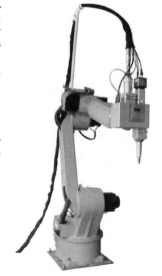

图 3-3　激光焊接机器人

转作用下开始搅拌，将金属颗粒混合在一起，从而在不发生熔化的情况下将它们牢固黏合在一起。目前有常规搅拌摩擦焊机器人、静轴肩搅拌摩擦焊机器人等，利用机器人的柔性化特征不仅可实现搅拌摩擦焊直线、平面二维和空间三维的搅拌摩擦焊接，而且可

图 3-4　搅拌摩擦焊接机器人

以实现复杂轨迹的运动，还能够在曲面上实现焊接，达到更加精细的焊接效果。

搅拌摩擦焊接机器人可保证搅拌摩擦焊过程的稳定性焊接，实现焊接过程的高度自动化，全程无人干预，焊接能力强，可以满足铝合金、镁合金、钛合金等产品焊接，其出色的焊接质量、高强度、低热影响区等优点使其在航空航天、船舶制造、汽车制造等领域广泛应用。这一技术代表了现代焊接领域的前沿，不仅提供了优秀的焊接质量，而且减轻了材料的重量，提高了耐用性和抗腐蚀性。

随着技术的不断进步，焊接机器人的应用范围也在不断扩大，为工业制造带来了巨大的便利和效益。未来的焊接机器人将会更加智能化、自动化和柔性化，能够更好地适应复杂多变的作业环境和任务需求。同时，随着远程控制和人机协作技术的发展，焊接机器人的应用场景和功能将进一步拓展。

3.2　搬运码垛机器人

搬运码垛机器人可以在无人干预的情况下，自动完成一系列的搬运和码垛任务，大大提高了生产效率，降低了人力成本。这种机器人的主要功能包括物品的抓取、搬运、堆放、码垛等，广泛应用于物流、生产线、仓储等领域。

搬运码垛机器人通过安装在机器人上的传感器，如激光雷达、深度相机、IMU 等，获取周围环境的信息，并利用这些信息进行自我定位。同时，通过机器学习算法，机器人能够不断地优化自身的定位精度，确保在复杂环境中准确找到自己的位置。通过这些功能的协同工作，搬运码垛机器人能够完成各种复杂的搬运码垛任务。

在采用码垛机器人的时候，需要考虑机器人怎样抓住一个产品，不同的码垛对象需要机器人有不同的末端执行器，常用的码垛机器人末端执行器如下。

① 夹爪式：主要用于高速码垛。

② 夹板式：主要用于箱盒码垛。

③ 真空吸取式：主要用于可吸取的码放物。

④ 混合抓取式：适用于几个工位的协作抓放。

　　真空吸盘是最常见的机械臂臂端工具。相对来说，它们价格便宜，易于操作，而且能够有效装载大部分负载物。但是对于表面多孔的物体，或者表面为不平整的包装，真空吸盘将无能为力。

　　根据机械结构的不同，码垛机器人包括如下几种形式。

　　① 悬臂式：主要由四部分组成，包括立柱、X 向臂、Y 向臂和抓手，以四个自由度（包括三个移动关节和一个末端旋转关节）完成对物料的码垛。这种形式的码垛机器人构造简单，机体刚性较强，可搬重量较大，适用于较重物料的码垛，见图 3-5。

　　② 旋转关节式：码垛机器人为多关节机器人（图 3-6），常用四轴式，包括腰关节、肩关节、肘关节和腕关节四个旋转关节。这种机器人机身小而动作范围大，可同时进行一个或几个托盘的码垛，能够灵活机动地完成多种产品的工作。

　　③ 龙门架式：将机器人手臂装在龙门起重架上（图 3-7），机器人手臂可以是关节式的，也可以是直角坐标式的，这种码垛机器人具有较大的工作范围，而且能够抓取较重的物料。

　　④ 立柱式：具有四个自由度，立柱可以绕自身轴线旋转，手臂沿立柱上下升降，手臂还具有一个旋转关节，可以扩大工作范围，轮廓小，占地空间小，驱动关节较少，方便控制，见图 3-8。

图 3-5　悬臂式码垛机器人

图 3-6　旋转关节式码垛机器人

图 3-7　龙门架式码垛机器人

图 3-8　立柱式码垛机器人

搬运码垛机器人的主要特点如下。

① 搬运码垛机器人码垛能力强，可以连续工作，不受疲劳和时间的限制，因此可以在短时间内完成大量的搬运和码垛任务，一台机器人可以同时处理多条生产线的不同产品；可以设置在狭窄的空间内，场地使用效率高。

② 搬运码垛机器人可以精确地定位和抓取物品，从而确保码垛的准确性和稳定性；垛型及码垛层数可任意设置，垛型整齐，方便储存及运输。

③ 搬运码垛机器人应用非常灵活，可以快速适应不同的物品大小、形状和重量，在短时间内重新编程以适应不同的任务需求。

随着科技的不断发展和市场的不断扩大，搬运码垛机器人的技术也在不断进步。目前，搬运码垛机器人已经可以实现快速、精准高效的搬运码垛作业，同时，随着人工智能技术的不断发展，搬运码垛机器人也将越来越智能化，能够适应更加复杂的环境和任务。其发展趋势主要有以下几个方面：一是更加智能化，具备更强的感知和决策能力；二是更加高效化，能够完成更加复杂的任务；三是更加普及化，将在更多的领域得到应用；四是更加安全可靠，能够保证生产安全和产品质量。

3.3　装配机器人

装配机器人是为完成机械装配操作而设计制造的工业机器人。在工业生产中，零件的装配是一项工程量极大的工作，需要大量的劳动力，人工装配因为出错率高、效率低而逐渐被工业机器人代替。常用的装配机器人主要完成生产线上一些零件的装配或拆卸工作，可以自动识别、抓取、移动和放置各种零部件，用于在制造业中进行高效、精确的装配作业，以完成产品制造过程中的装配任务。与一般工业机器人相比，装配机器人具有精度高、柔顺性好、耐用程度高、工作空间小、能与其他系统配套使用等特点，用于进行电子零件、汽车精细部件的安装，可大大提高生产效率，降低人工成本，提高生产自动化水平，并提高产品质量。

PUMA 机器人是美国 Unimation 公司于 1977 年研制的由计算机控制的多关节装配机器人，或称为机械臂。它可以实现腰、肩、肘的回转以及手腕的弯曲、旋转和扭转等功能，如图 3-9 所示。

现代的装配机器人通常集成了许多先进的技术，如传感器技术、机器视觉技术、人工智能技术等。这些技术的应用大大提高了装配机器人的感知能力、决策能力和自主性。

装配机器人通常采用关节式或直角坐标式结构，根据具体应用场景选择合适的结构形式和尺寸。末端执行器根据装配需

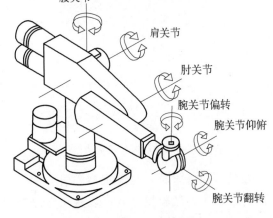

图 3-9　PUMA 机器人

求，可配备各种夹具、吸盘、工具等末端执行器，实现对不同零部件的抓取和装配。

装配机器人感知系统通常由多种传感器组成，如视觉传感器、力传感器、触觉传感器等。视觉传感器可以实现对零件的识别和定位，力传感器可以检测抓取过程中的力和力矩，触觉传感器则可以检测零件的接触状态和形变。这些传感器将检测到的信息传输给控制系统，控制系统根据这些信息调整机器人的运动轨迹和姿态，实现精确的装配操作。

在实际应用中，装配机器人通常与自动化流水线、输送带、AGV等设备配合使用，实现从物料搬运、加工、检测到包装的全自动化生产流程。随着工业4.0和智能制造的推进，装配机器人在汽车制造、电子产品制造、医疗器械制造、家电制造等领域的应用越来越广泛，成为现代化生产线的标配设备之一。目前，装配机器人主要用于各种电器（包括家用电器，如电视机、洗衣机、电冰箱、吸尘器）的制造、小型电动机、汽车及其零部件、计算机、玩具、机电产品及其组件的装配等，见图3-10～图3-13。

图 3-10　汽车生产线装配机器人

图 3-11　卡扣装配机器人

图 3-12　发动机装配机器人

图 3-13　汽车机油泵装配机器人

在汽车制造领域，装配机器人可以用于发动机、变速器等复杂部件的装配；在电子产品制造领域，装配机器人可以用于电路板上的元器件的自动插入和焊接；在医疗器械制造领域，装配机器人可以用于人工关节、植入物等高精度医疗器械的装配。装配机器人的优势在于其高精度、高效率、高可靠性和易于编程和控制；它可以在恶劣的环境下连续工作，大大提高了生产效率和产品质量。

随着运动算法、传感器技术和人工智能技术的不断发展，装配机器人更加自主、灵活和可靠。然而，这也给安全性、可维护性和成本问题带来了一些挑战。未来的研究需要解决这些问题，以使装配机器人在更多的领域得到应用。

3.4　喷涂机器人

喷涂是产品制造的一个重要过程，关系到产品的外观质量，不仅具有防护及装饰性能，而且是产品价值的重要构成要素。喷涂机器人，也被称为喷漆机器人，或涂装机器人，是一种自动喷漆或喷涂涂料的工业机器人。它们是机器人技术和表面喷涂工艺相结合的产物，能够满足环保、高效和柔性生产的需要，具备适应性强、质量高、速度快、材料利用率高、应用范围广等优势，它可以在各种复杂的环境下进行高质量的喷涂工作，对比人工喷涂更具有发展潜力，被众多制造企业所引用。在工业喷涂领域，自动化生产要求的逐渐提升、安全环保生产原则的不断贯彻，都让喷涂机器人的出现成为必然。在汽车制造领域，喷涂机器人可以实现高效率、高质量的车身喷涂，提高生产效率和质量。在家具制造领域，喷涂机器人可以实现自动化的木器漆喷涂，提高生产效率和环保性。在建筑装修领域，喷涂机器人可以实现高效率、高质量的墙面涂料喷涂，提高装修质量和效率。

与人工操作相比，喷涂机器人在技术方面，能够通过协同控制，保证漆膜性能及均匀一致性，可以有效避免过喷、漏喷及无效喷涂现象，提高了喷涂质量和涂料利用率，还可以实现 24 小时无间断工作，设备利用率高，大大提高了生产效率。

喷涂机器人主要由机器人本体、计算机和相应的控制系统组成，液压驱动的喷涂机器人还包括液压油源，如油泵、油箱和电机等。喷涂机器人多采用五自由度或六自由度关节式机械臂结构，手臂有较大的工作空间，并可做复杂的轨迹运动，其腕部一般有两个或三个自由度，可灵活运动。较先进的喷涂机器人腕部采用柔性手腕，既可向各个方向弯曲，又可以转动，其动作类似人的手腕，能方便地通过较小的孔伸入工件内部，喷涂其内表面。在挥发性油漆和溶剂的环境下，为了安全，往往将电信号转换为气动或液压信号，实现对机器人的控制。

机器人自动喷涂设备一般有两种应用方式：一种为配转台单机形式作业，适合产量小、形状复杂的工件自动喷涂作业；另一种是机器人配套生产线作业，适合批量化喷涂作业。

单机台形式：转台＋机器人，可悬挂安装，也可落地安装。

机器人自动喷涂生产线：机器人喷涂设备可配套悬挂式、地轨式等生产线，整厂规划自动喷涂生产线，改善喷涂环境，提升喷涂质量和产量，喷涂烘干一体化，含预热、除尘、喷漆、流平表干、UV 固化烘干等工序，"三废"处理达国家标准，高效环保，见图 3-14 和图 3-15。

在开始喷涂之前，机器人需要根据预设的轨迹进行定位移动。通过使用传感器和计算机控制系统来实现机器人精确地移动到指定的位置，以便能够准确进行喷涂。在喷涂过程中，机器人根据预设的喷涂参数进行喷涂，如喷涂压力、喷涂距离和喷涂时间等。

机器人需要按照预设的轨迹进行精确的运动，以确保喷涂的均匀性和一致性。如果需要进行多层涂装，机器人需要重复执行喷涂和运动的过程，直至达到所需的涂层厚度，还需要对涂层进行质量检测和控制，以确保涂层的质量和效果。

图 3-14　汽车喷漆机器人

图 3-15　悬挂零件喷涂机器人

喷涂机器人是一种高效率、高质量的自动化喷涂设备，具有广泛的应用前景和发展潜力。随着技术的不断进步和应用需求的不断增长，未来喷涂机器人将不断优化和完善，为实现更加高效、环保的喷涂生产做出更大的贡献。

3.5　加工机器人

3.5.1　切割机器人

切割机器人是一种可以执行材料切割任务的机器人，主要由机械系统、电气控制系统以及人机交互界面等组成。这种机器人主要用于对工件进行切割加工，它可以自动完成各种复杂的切割任务，如切割金属、塑料、玻璃等材料，广泛应用于工业制造、建筑、汽车制造等领域。在实际生产中，切割机器人在提高产品质量、生产效率，缩短产品开发周期、降低劳动强度、节省原材料等方面优势明显。

切割机器人通过传感器对切割材料进行识别和定位，然后使用高精度的切割工具进行加工。在加工过程中，机器人可以根据预设的程序或指令，自动调整切割工具的位置、速度和角度等参数，以保证加工的精度和质量。

切割工具是切割机器人的执行部分，其性能直接影响切割效果。切割工具通常采用高硬度、高耐磨性的材料制成，以保证长时间稳定的工作。此外，切割工具的形状和尺寸也会影响切割精度和效率，根据不同的切割需求，可以选择不同的切割工具，如激光切割器、等离子切割器、水刀等（图 3-16～图 3-18）。

等离子切割机器人系统改变了传统的切割技术，它的切口平整，精确度高，省去了后续打磨工序，主要用于切割各种碳钢、不锈钢和普通低合金钢等，受到制造业的青睐，切割系统的效率高、操作简单，能够实现各种位置的切割和对应各种外形复杂的零件，广泛应用于钢板下料、焊接坡口的切割。

图 3-16　等离子切割机器人

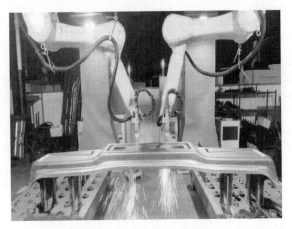

图 3-17　三维激光切割机器人

　　作为工业制造和自动化生产的高效工具，切割机器人的发展前景广阔。随着技术的不断进步和应用需求的持续增长，更多新型和实用的切割机器人将在工业生产中发挥重要作用。

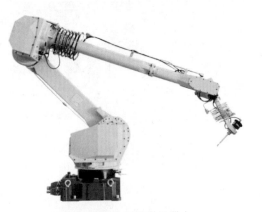

图 3-18　水刀切割机器人

3.5.2　抛光打磨机器人

　　抛光打磨是机械制造业、模具加工业等众多行业中的重要工序之一。机器人抛光打磨是一种利用机器人技术结合专业抛光打磨工具进行自动化表面处理的过程，包含自动抓取料、自动打磨机构、品质检测、异常处理、自动码垛等。机器人系统通过程序控制来执行精确定位和灵活运动，按照预设参数对各类工件进行表面去毛刺、修整、光滑处理等工作，最终达到提高工件表面质量和外观光洁度的目的。抛光打磨机器人是复杂产品加工技术的一种重要发展方向，可以提高加工质量和产品光洁度，保证其一致性，提高生产率，可连续生产，改善工人劳动条件，提高工人生活质量，可在有害环境下长期工作，降低对工人操作技术的要求，缩短产品改型换代的周期，减少相应的投资设备，实现自动化。

　　抛光打磨机器人已应用在五金卫浴、建筑五金、汽车零部件、餐具、工艺品等行业（图 3-19 和图 3-20）。

　　抛光打磨机器人通常采用多关节机器人本体，模拟人体的运动，灵活地完成各种抛光打磨动作。其材质通常采用高强度、轻质的材料，如铝合金，以提高机器人的稳定性。传感器在抛光打磨机器人中起到了至关重要的作用。视觉传感器可以实时获取工件的几何信息，根据预设的打磨路径进行计算和调整；力传感器可以感知机械臂对工件施加的力度，实现力度的控制和调节；位置传感器则可以监测机械臂的位置和姿态，为后续动作提供准确的参考。

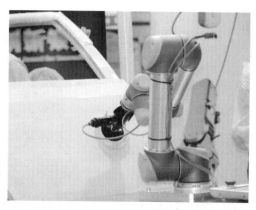

图 3-19　抛光作业机器人

图 3-20　打磨作业机器人

抛光打磨机器人包括工具型、工件型和磨床型等。

工具型即在末端加装抛光打磨工具，去除铸件毛刺，还可以进行焊件的焊缝打磨，抛光打磨机器人的端头较小，故而可直接深入内腔内孔进行去毛刺。根据不同的工件形状和打磨需求，抛光打磨机器人配备了多种不同的打磨工具，如平面磨头、球面磨头、圆弧磨头、抛光头等。打磨头可以高速旋转或振动，以实现对工件的快速抛光和打磨（图 3-21 和图 3-22）。

图 3-21　风电叶片打磨机器人

图 3-22　焊缝打磨机器人

工件型即机器人抓着工件靠近砂轮机、砂带机、打磨台、抛光机等去进行打磨抛光（图 3-23 和图 3-24）。

磨床型即通用机器人加上磨床进行加工，由机器人将工件搬到磨床上磨削，此类抛光打磨机器人在工业中柔性较大，可完成大型工件的加工。

为了有效隔离打磨过程中产生的细小颗粒、粉尘等，在打磨机器人上往往要安装防护罩。根据其制作材质的不同，可以具备多种不同的防护功能，比如防尘、耐磨、防

水、阻燃等，可以有效保护打磨机器人，使
用得当还能延长其使用寿命。

　　将机器人的高柔性、高自动化等优点融
入打磨领域，研发出了浮动打磨工具，即柔
性打磨。柔性力控打磨系统通过内置传感器
能实时侦测打磨压力、自身姿势、加速度等
多种信息，并通过独有的重力补偿算法来确
保任何姿势下，打磨设备与工件表面稳定接
触，并保证打磨力的恒定。柔性力控打磨技
术极大地弥补了国产机器人刚性不足及精度
低的缺陷。高精度补偿且简单易用的操控，

图 3-23   砂带机打磨工件

不仅提高了打磨的工艺效果，而且确保了打磨的一致性。

图 3-24   铸件打磨机器人

　　此外，还有许多专用的打磨机器人，如用于自动打磨固体火箭发动机内隔热层的机
器人。这种机器人的末端执行器是特制的打磨盘，控制系统采用工控机＋多轴运动控制
器的开放式模式，实现对固体火箭发动机内隔热层非确定表面的打磨，也是打磨工艺中
涉及的控制系统及控制算法较复杂的一类控制系统。

　　抛光打磨机器人作为一种高效、精确、灵活的自动化抛光打磨设备，极大地提高了
生产效率和产品质量，得到了广泛应用。随着技术的不断进步和应用需求的不断增长，
未来抛光打磨机器人的应用前景将更加广阔。

3.5.3　冲压机器人

　　冲压机器人是一种用于执行冲压工序的工业机器人。它可以替代人工完成危险、繁
重、重复和单调的冲压工作，取代人工在各个冲压工位上进行物料冲压、搬运、上下料
等工作，可以节约人力劳动成本，提高人工安全以及设备的安全性，保证产品的质量、
产量以及各个工艺的稳定性。

　　冲压机器人通过控制系统接收指令，按照预设的程序轨迹运动，通过带动冲压模具

对材料进行冲压加工。加工完成后，机器人再将成品取出并放置在指定的位置。

　　冲压机器人本体通常采用多关节机械臂，可以根据实际加工需求进行编程控制，实现复杂的三维运动轨迹。控制系统控制机器人的运动轨迹和速度等参数。冲压设备则是机器人进行冲压加工的辅助装置，包括冲压模具、压力机等。

　　冲压机器人广泛应用在汽车制造领域、电子电器领域、航空航天领域等，能够实现高精度、高效率地冲压加工汽车零部件、金属结构件等。

　　随着国内冲压行业的发展，从最初的单轴冲压上下料机械手，到现在的六轴冲压机器人，代表着冲压行业不断地向前发展。目前市面上存在的冲压机器人有以下几种。

(1) 四轴冲压机器人

　　四轴冲压机器人采用铸件组装而成，每一轴都是铸铁件，其机器人本体的刚性非常强，有四个关节，外形紧凑，体积小。该机器人除了应用于冲压行业外，还广泛应用于搬运码垛工作中，能稳定地完成冲压工作。末端安装夹具用于夹取工件进行冲压。四轴冲压机器人能够在狭小的空间内灵活地进行冲压作业，安装调试简单方便（图 3-25）。

图 3-25　海智四轴冲压机器人

(2) 六轴冲压机器人

　　由于具有六个自由度，因此动作灵活、运动惯性小、通用性强、能抓取靠近机座的工件，并能绕过机体和工作机械之间的障碍物进行工作。随着生产的需要，对多关节手臂的灵活性、定位精度及作业空间等提出越来越高的要求。六轴冲压机器人相比四轴冲压机器人可以多出一个翻转动作，动作更加灵活（图 3-26）。

(3) 连杆式冲压机器人

　　连杆式冲压机器人是指在同一条线体上它的铅垂轴和水平轴都通过杆连为一体，所以在一条线体上其主动电机只有两个，这使它的成本大大降低。连杆式冲压机器人，夹板是与工件直接接触的构件，在竖直方向上夹持工件。此种冲压机器人适合对大批量的产品进行冲压加工（图 3-27）。

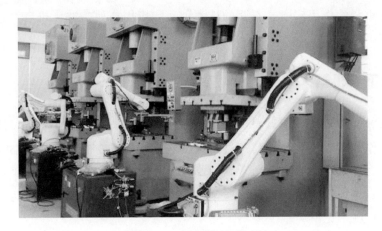

图 3-26　六轴冲压机器人

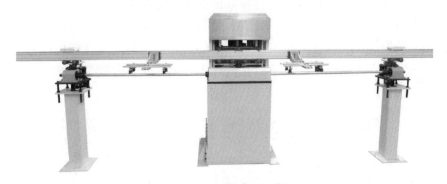

图 3-27　连杆式冲压机器人

(4) 摆臂式冲压机器人

摆臂式冲压机器人融合了连杆式冲压机器人的高效稳定的特性，控制比较灵活、使用操作简单。可以上下、左右、前后运动，相比较单轴的冲压机器人要灵活得多，但此种冲压机器人的负载较小，适合加工较轻的工件（图 3-28）。

随着科技的不断进步和产业升级的推进，冲压机器人技术也在不断发展和创新。通过改进机器人的结构设计、优化控制算法和提高传感器技术，实现更高精度的运动轨迹控制和加工精度；通过提高机器人的运动速度和减少空程时间，实现更高效的生产能力；结合人工智能、机器学习等技术，实现机器人的自适应学习和优化控制，进一步提高加工效率和品质；发展可重构的机器人系统，使其能够

图 3-28　摆臂式冲压机器人

适应不同的加工需求和生产环境，提高机器人的应用范围和市场竞争力。

总之，随着工业自动化和智能制造的不断发展，冲压机器人在未来的生产制造中将会发挥越来越重要的作用。通过不断的技术创新和应用拓展，冲压机器人将会为各行各业带来更高效、更智能的生产方式，推动产业升级和经济发展。

3.5.4 上下料机器人

上下料机器人，也称为物料搬运机器人或装卸机器人，是一种能够自动完成物料搬运和上下料工作的工业机器人。其通过高精度定位、灵活的机械臂和末端执行器，实现快速、准确的物料搬运，广泛应用于制造业中的装配、加工、检测等环节，是现代工业自动化生产的重要一环。它能够高效地替代人工完成重复、繁重、危险或有害环境的物料搬运工作，提高生产效率，降低人工成本，并保证生产安全。

上下料机器人通过伺服系统驱动机械臂运动，实现精确的位置和姿态控制。在物料搬运过程中，末端执行器夹持或吸附物料，按照预设的路径移动到目标位置，然后放下物料完成上下料工作。机器人控制器负责控制整个物料搬运过程，包括运动轨迹规划、力控制、安全保护等。高精度的定位和重复定位能力，能够快速准确地找到物料的位置并完成上下料工作。多样化的末端执行器设计，可以适应不同类型的物料搬运和上下料任务（图 3-29～图 3-31）。

图 3-29　生产线上下料机器人

图 3-30　加工中心上下料机器人

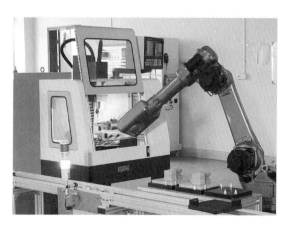

图 3-31　阀门加工上下料机器人

上下料机器人的结构组成主要包括以下部分。

① 上下料机器人通常采用模块化设计，具有立柱、横梁（X 轴）、竖梁（Z 轴）等部分，以及控制系统、上下料仓系统和爪手系统等。各模块在机械上相对独立，可在一定范围内进行任意组合，以适应不同的生产设备和自动化生产需求。

② 末端执行器是机器人用于抓取工件的部分，可以根据不同的工件形状和大小进行更换或调整。常见的末端执行器有气动机械式手爪、真空吸盘等。

随着技术的不断发展，上下料机器人将会呈现出以下几个发展趋势：更高的重复定位精度和更快的工作速度，进一步提高生产效率；更强大的负载能力和更灵活的机械臂设计，适应更多复杂的物料搬运任务；更智能的控制系统和更高的自动化程度，实现自主编程和自主控制；更完善的安全保护措施和更人性化的操作界面，降低操作难度并提高人机交互体验。

3.6　物流机器人

物流机器人是指应用于自动化仓库、生产线、装配线等场景，进行货物转移、搬运、存储等操作的机器人。物流机器人能够在无人干预的情况下完成预设任务，大幅提高生产效率，减少人力成本。

物流机器人的核心技术包括导航技术、运动控制技术、传感器技术等。导航技术使机器人能够自主移动，实现精确的位置定位和路径规划。运动控制技术则保证了机器人在搬运过程中的稳定性和精度。传感器技术则帮助机器人感知周围环境，实现避障等功能。

当下，我国的物流行业正在努力从劳动型向技术型转变，由传统模式向现代化、智能化升级，随之而来的就是各种各样先进的技术装备的运用和普及。如今，具有搬运、码垛、分拣等功能的智能机器人的运用，已经成为物流行业中必不可少的一项技术。

根据不同的应用场景，物流机器人可分为以下几个大类，如图 3-32 所示，分别是 RGV 机器人、AGV 机器人、自动叉车机器人、AMR 机器人、复合机器人、四向穿梭车、料箱机器人。

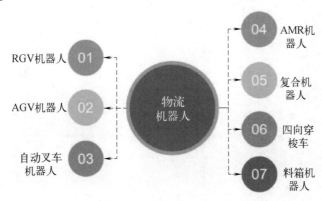

图 3-32　物流机器人的分类

3.6.1 **RGV 机器人**

RGV 的全称是 rail guided vehicle，即"有轨制导车辆"又叫"有轨穿梭小车"，RGV 机器人常用于各类高密度储存方式的立体仓库，小车通道可根据需要设计任意长，并且在搬运、移动货物时无须其他设备进入巷道，速度快、安全性高，可以有效提高仓库的运行效率，如图 3-33 所示。

RGV 机器人在物流和工位制生产线上都有广泛的应用，如出/入库站台、各种缓冲站、输送机、升降机和线边工位等，按照计划和指令进行物料的输送，可以显著降低运输成本，提高运输效率。

图 3-33　RGV 机器人

3.6.2 **AGV 机器人**

AGV（automated guided vehicle，自动导引车）是一种装备电磁或光学等自动导引装置的移动机器人，由计算机控制，并以轮式移动为特征的自动化运输工具，如图 3-34

图 3-34　激光导航 AGV 机器人

所示。它具备自带动力或动力转换装置，能够沿规定的导引路径自动行驶。AGV 机器人的主要功能是通过与仓储管理系统（WMS）和制造执行系统（MES）的结合，实现仓储的自动化搬运管理、货位柔性动态分配，并将货物从起点运送到目的地，以提高工作效率。

3.6.3　自动叉车机器人

自动叉车机器人（automated forklift robots）通过自主导航和自动操作功能，在仓库、工厂和物流中心等环境中执行货物搬运和堆垛任务。

在仓储物流领域，传统叉车依赖人工操作来进行物料搬运，但这种方式容易导致运输效率下降和货物损坏。相对而言，自动叉车机器人具备高安全性、智能化、低劳动力成本等明显优势，能快速完成装载、运输和卸载任务，提高物流效率、降低劳动力成本，并提供更安全和可靠的货物管理解决方案。如图 3-35 所示为堆垛式自动叉车机器人，采用舵轮系统，结构简单可靠、转弯半径小、驱动力大、稳定性高，具有高性价比。

3.6.4　AMR 机器人

AMR（autonomous mobile robot）机器人，即自主移动机器人（图 3-36），是集环境感知、动态决策规划、行为控制与执行等多功能于一体的综合系统。与需要依靠磁条或者二维码定位导航的移动机器人 AGV 相比，AMR 具备环境感知、自主决策和控制能力，可根据现场情况动态规划路径、自主避障，是目前技术前沿的移动机器人。

图 3-35　堆垛式自动叉车机器人

图 3-36　AMR 机器人

AMR 机器人正逐步取代 AGV 机器人，成为各类移动智能产品中的主力。在仓储环境中，AMR 机器人依赖 SLAM（simultaneous localization and mapping，同时定位与地图构建）系统进行定位和导航。目前，AMR 机器人主要采用激光雷达 SLAM 和视觉传感器 SLAM（VSLAM）两种导航方式。激光雷达 SLAM 能够通过技术手段获取周围环境的精细地图，被认为是目前已知最可靠的方式。但随着科学技术的发展，视觉 VS-LAM 也逐渐崭露头角，但其技术和算法方面仍需要进一步研究。

3.6.5 复合机器人

图 3-37 复合机器人

复合机器人是一种综合性的机器人系统，它结合了多种机器人技术，包括机械臂、移动底盘、传感器、视觉系统、人工智能和控制系统等，如图 3-37 所示。该系统具备复杂的动作控制和高度智能的特点，能够适应多种复杂环境并完成多种任务。

复合机器人的机械结构包括一个或多个机械臂，具有高自由度和灵活性，可进行精准的机械加工、装配和拆卸等工作。移动底盘使机器人能够在地面上自由移动，提供高机动性。传感器系统包括视觉传感器、声音传感器和触觉传感器等，使机器人能够感知周围环境并获取相关信息。视觉系统结合人工智能技术，使机器人能够学习和识别复杂的物体及场景。控制系统通过计算机程序和电子设备，实现机器人的高精度运动和行为控制。

复合机器人的关键技术包括移动底盘（轮式、履带式、腿式）、地图构建（SLAM 技术）、路径规划以及机械臂技术。复合机器人将移动底盘和机械臂集成起来，实现了移动和抓取任务的灵活性，提高了生产、生活的自动化水平，是机器人发展的重要方向。

3.6.6 四向穿梭车

四向穿梭车是一种能够在平面内四个方向（前、后、左、右）穿梭运行的存储机器人。与传统的两向穿梭车相比，它具有更快的速度、更准确的定位以及相对简单的控制。根据货物类型的不同，主要分为托盘式和料箱式两种类型。

托盘式四向穿梭车（图 3-38）主要应用在密集存储方面，尤其是冷链物流系统。在冷链物流系统中，尤其是 −18 摄氏度及以下的冷链物流系统，采用四向穿梭车进行储存，可以大幅度提升空间利用率，并可以大大改善作业区的环境，使作业人员工作更加舒适。但托盘式的四向穿梭车由于价格较高，应用受到了限制。相对于托盘式四向穿梭车的应用受限，料箱式四向穿梭车（图 3-39）应用非常广泛。主要与其灵活性和柔性有关，更为重要的是电商的发展推动了拆零拣选的快速发展。

图 3-38　托盘式四向穿梭车

图 3-39　料箱式四向穿梭车

3.6.7　料箱机器人

料箱机器人是一种全自动无人拣选、搬运机器人，由底盘、货架层和取货机构组成，可一次性搬运多个货物，提高取货效率和库容。

多层料箱机器人（图 3-40）是一种箱式仓储机器人，专门用于料箱的智能拣选和存取。它具有多料箱同时搬运的能力，承载质量最高可达 300 千克。

多层料箱机器人具有以下优势。

① 机器人高度可以根据需要在 1～5.5 米之间进行灵活定制。

② 多层料箱机器人与人员协同工作，可以显著提升工作效率。

③ 这种机器人兼容多种尺寸的料箱和纸箱，能够适应不同的业务需求。无论是小尺寸料箱还是大尺寸纸箱，机器人都能够准确进行拣选，提高仓库物流运作的灵活性。

多层料箱机器人的引入，使得仓储和物流领域能够更高效地处理料箱存取任务。它不仅提升了工作效率，而且优化了仓库空间利用和业务灵活性。通过机器人与人员的协同工作，可以实现更加智能化和高效的仓库管理。

图 3-40　多层料箱机器人

3.7　协作机器人

协作机器人（collaborative robots，简称 cobots）也称为协作机械臂，是一种新型的工业机器人，可以与人类在同一工作环境中共同工作、一起协作完成任务，而无须封闭安全围栏，从而充分发挥机器人的效率及人类的智能，为工业机器人的发展开启了新时代。

协作机器人更加注重安全性和人机协作性，使得人与机器人可以在更广泛的应用场景中实现高效的协同工作。协作机器人具有敏感的力反馈特性，当达到已设定的力时会立即停止，在风险评估后可不需要安装保护栏，使人和机器人能协同工作；机器人采用轻量化设计，使其更易于控制，具有更高的灵活性，可提高安全性，能够适应多种工作环境和任务需求；机器人具有光滑且平整的表面和关节，且无尖锐的转角或者易夹伤操作人员的缝隙；机器人具有感知周围环境的能力，并能根据环境的变化改变自身的动作行为。

协作机器人的优势得益于其四大属性。

① 安全级监测站——这种操作模式要求机器人系统监控工作区域，当有人进入协同工作区域时，停止一切动作。这种监测可能涉及使用激光监测是否有人跨越工作区边缘、切换到监测封闭空间是否打开了门，以及类似的情况。

② 手动示教——此类机器人不具备自主功能，需要工人操作员控制机器人的每一个动作。运动的速度也受到监控，并保持在机器人内部系统的安全限值内。

③ 速度和距离监测——机器人监测和限制它们的运动速度，并监测协同工作区域里各个部件和工人的距离。机器人的运动必须保持在与工人的最小距离之外，或者当工人离得太近时，机器人将停止运动。

④ 功率和力量限制——机器人有运动速度和功率限制的设计，当它与工人或其他物体接触时，内置的传感器就能检测到。当类似接触发生时，速度和功率限制将使得碰撞能量不足以造成严重伤害。

CR-35iA 协作机器人（图 3-41）是 FANUC 公司于 2015 年推出的一款全新的协作机器人，负载达到 35 千克，是当今世界上负载最大的协作机器人。

新松多关节机器人是国内首台七自由度协作机器人，具备快速配置、牵引示教、视觉引导、碰撞检测等功能。如图 3-42 所示为新松 DUCO 多可 GCR 系列通用协作机器人，大的负载与工作半径的显著优势使其能够适应更广泛的应用需求，同时具有安全、易于操作、快速部署、低功耗等协作机器人特性。

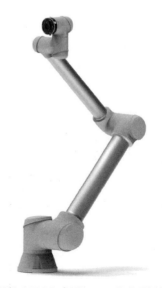

图 3-41　CR-35iA 协作机器人　　　　图 3-42　新松 DUCO 多可 GCR 系列通用协作机器人

节卡是专业做协作机器人的公司，推出了负载分别为 1 千克、3 千克、5 千克、7 千克、12 千克和 18 千克的六大系列协作机器人，可适配各领域应用需求。如图 3-43 所示为节卡 Zu 系列协作机器人。

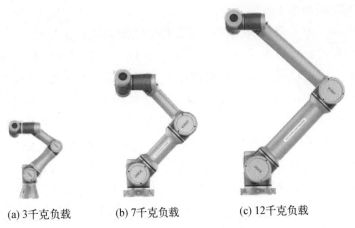

　　(a) 3千克负载　　　　　(b) 7千克负载　　　　　(c) 12千克负载

图 3-43　节卡 Zu 系列协作机器人

　　大族公司的 Elfin 系列六轴协作机器人（图 3-44），采用四、六轴同轴结构，独特的双关节模块化结构设计，对机械臂进行了优化，动作灵活，有效载荷 3～10 千克，工作半径为 590～1000 毫米，高刚度的设计使其重复精度能够达到 ±0.03 毫米，现已大规模应用于自动化集成生产线、装配、拾取、焊接、研磨、喷漆等领域。

　　YuMi 是 ABB 公司生产的人机协作的双臂机器人，如图 3-45 所示，紧凑的双臂式设计模仿人体结构，其大小正好适合安置于人类的操作工位。YuMi 两条轻质合金手臂均具有七轴自由度，能模拟人类肢体动作，在大幅提升空间利用率的同时，又能契合消费电子行业灵活敏捷的生产需求。YuMi 将双臂设计、柔性机械手、通用进料系统、基于相机的工作定位系统和运动控制技术整合于一体，也能在其他小件装配领域大展宏图。意外接触外物（即使与人发生轻微的触碰）时可在数毫秒内停止动作，高风险部位均包覆有吸收冲击力的软性材料，即使发生触碰也可保护人类同事免受伤害。

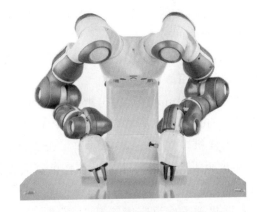

　　图 3-44　大族 Elfin 系列六轴协作机器人　　　　　图 3-45　ABB 双臂协作机器人 YuMi

　　协作机器人被广泛应用于制造业、物流业、医疗保健业等领域。在制造业中，协作机器人可以与人共同完成装配、检测、包装等任务，提高生产效率和产品质量。在物流业中，协作机器人可用于仓库管理、货物搬运等环节，实现自动化和智能化。在医疗保健业中，协作机器人可用于手术辅助、康复训练、护理照料等工作，减轻医护人员的工作负担，提高医疗服务水平。

由于协作机器人为了确保安全性，对力和碰撞能力进行了控制，因此导致运行速度比较慢，通常只有传统机器人的（1/3）～（1/2）；同时，为了减少机器人运动时的动能，协作机器人一般重量比较轻，结构相对简单，这就造成整个机器人的刚性不足，定位精度相比传统机器人差 1 个数量级；低自重，低能量的要求，导致协作机器人体型都很小，负载一般在 10 千克以下，工作范围只与人的手臂相当，因此很多场合无法使用。

随着人工智能技术的不断发展以及物联网、5G 等新技术的广泛应用，协作机器人的应用场景将进一步拓展。未来协作机器人有望在智能制造、智慧物流、智慧医疗等领域发挥更大的作用，为企业带来更高效的生产方式，为人们提供更便捷的服务。同时，随着技术的不断进步和成本的降低，协作机器人的普及程度将进一步提高，更多的企业和个人将能够享受到协作机器人带来的便利。

3.8　并联机器人

并联机器人采用并联机构（parallel mechanism，PM）构型，其动平台和定平台通过至少两个独立运动链的并联机构相连接，具有两个或两个以上自由度，是以并联方式驱动的一种闭环机构。

并联机器人的特点为：

① 无累积误差，精度较高；

② 驱动装置可置于定平台上或接近定平台的位置，这样运动部分重量轻，速度快，动态响应好；

③ 结构紧凑，刚度高，承载能力大；

④ 完全对称的并联机构具有较好的各向同性；

⑤ 工作空间较小。

因此，并联机器人在需要高刚度、高精度或者大载荷而无须很大工作空间的领域内得到了广泛应用。

1978 年，Hunt 首次提出把六自由度并联机构作为机器人的操作器，由此开始了并联机器人的研究。在国内，燕山大学黄真教授在 1991 年研制出我国第一台六自由度并联机器人样机，在 1994 年研制出一台柔性铰链并联式六自由度机器人误差补偿器，在 1997 年出版了我国第一部关于并联机器人理论与技术的专著——《并联机器人机构学理论及控制》。

并联机器人广泛应用于其他领域，包括：军事领域中的潜艇、坦克驾驶运动模拟器，下一代战斗机的矢量喷管、潜艇及空间飞行器的对接装置、姿态控制器等；生物医学工程中的细胞操作机器人，可实现细胞的注射和分割；微外科手术机器人；大型射电天文望远镜的姿态调整装置等。

　　并联机器人采用的并联机构有二至六个自由度，主要有 Stewart 机器人和 Delta 机器人两种基本类型。

　　Stewart 机器人是最经典的并联机器人（图 3-46），也是世界上出现的第一种并联机器人。这类机器人最初由 Gough 在 1947 年发明，被用于检测各种载荷条件下的轮胎磨损。该机器人为六自由度，有六条支链，每条支链的两端为球副，中间由一个移动副连接两杆，每条支链上有一个伸缩的液压缸或电动缸作为动力源。由于其刚度高和重负载的优点，Stewart 机器人常被用于各种重载的模拟台，例如飞行模拟器、地震模拟台、航天对接装置，以及用于确定组合载荷下轮胎的性能等；在民用方面的应用包括电影座椅等。

　　Delta 机器人发明于 20 世纪 80 年代，是最经典的少自由度机器人，也是在实际工业中应用最广泛的一种并联机器人（图 3-47）。三自由度 Delta 机器人由三条支链组成，其关键之处在于使用了平行四边形结构，可以保证末端执行器的姿态。Delta 机器人的最大优势是速度快，很适合用于抓取搬运小重量物体，所以被大规模应用于食品、医药、3C 等领域。

图 3-46　Stewart 机器人

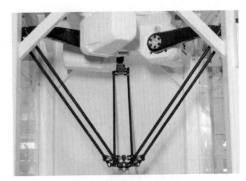

图 3-47　Delta 机器人

　　在传统 Delta 机器人的基础上，还有许多变种，在保留其高速的情况下，使机器人具有更多的自由度，以满足工程需要。

　　① 在机器人的定平台中心与动平台中心之间增加一个 UPU 支链，使其变成一个四自由度的机器人，即增加了一个垂直于动平台的转动，见图 3-48。

　　② 在动平台上增加一个转动自由度，从而增加一个机器人的自由度，具有四个自由度。如图 3-49 所示为阿童木"金刚 P"系列并联机器人，即采用这种结构，具有三维空间 XYZ 平动和附加一个绕 Z 轴旋转的作业特点，从而增加机器人的自由度，并能轻松集成到机械设备及生产线中，广泛应用于高速分拣和包装领域。该系列机器人较国内外同类产品具备更快的搬运速度，更高的精度，更长的使用寿命。在中成药颗粒剂装盒工作中，最终抓取速度可达 150 袋/分，实现颗粒袋的稳定、高效、快速装盒。

　　③ Adept Quattro 机器人，采用四支链的对称结构，使其变成四驱动四自由度的并联机器人（图 3-50），与同类型机器人相比，其高效率可节省 23% 的能耗，同时速度在 Delta 的基础上还可以大大增加。

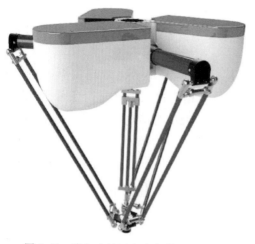

图 3-48　附加支链四自由度并联机器人

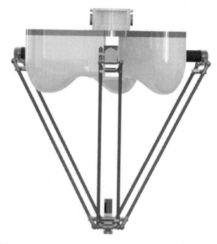

图 3-49　阿童木"金刚 P"系列并联机器人

④ 平面五杆并联机器人是最简单的并联机器人（图 3-51），具有两个自由度，可以在平面上做二维移动，通常与平行四边形机构配合使用，以保证末端执行器的姿态不变。在实际工业应用中，主要应用于食品、医药、3C 等领域的搬运。

图 3-50　四驱动四自由度的并联机器人

图 3-51　平面五杆并联机器人

并联机器人应用领域如下。

① 食品、医药、电子、化工行业的分拣、搬运、装箱等（图 3-52）。

② 娱乐体感模拟。动感座椅（图 3-53）是建立动感影院必不可少的构成元素之一，动感座椅可以根据影片特定故事情节的不同而由计算机控制做出不同的特技效果，例如，坠落、振荡、喷风、喷雨等，再配上精心设计出来的烟雾、雨、光电、气泡、气味等，从而营造一种与影片内容相一致的全感知环境。动感座椅的主要市场是现代化电影院、主题公园、游乐场、游戏房、仿真教学培训室等，尤其是随着 VR、AR 技术的普及，以及科幻、冒险类的 3D 电影发行增多，动感座椅的市场需求量迅速扩大。

③ 运动模拟。包括飞行模拟、驾驶模拟、道路模拟、海浪模拟等。波音 737 飞行模拟器如图 3-54 所示，驾驶模拟器如图 3-55 所示。

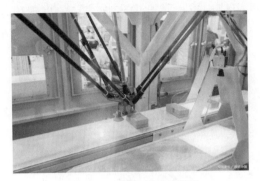

图 3-52　分拣用并联机器人

图 3-53　动感座椅

图 3-54　波音 737 飞行模拟器

图 3-55　驾驶模拟器

④ 对接机构。如宇宙飞船的空间对接、汽车装配线上的车轮安装、医院中的假肢接骨等，如图 3-56 所示为航天器对接机构。

图 3-56　航天器对接机构

⑤ 并联机床。这实质上是机器人技术与机床结构技术结合的产物。它的出现引起了世界各国的广泛关注，被誉为"机床结构的重大革命"。如图 3-57 所示为哈尔滨工业大学与淮阴工学院联合开发的并联机床。

图 3-57　哈尔滨工业大学与淮阴工学院联合开发的并联机床

并联机床具有刚度高、运动部件重量轻、机械结构简单、制造成本低、生产效率和加工精度高等优点；但也存在一些缺点，如运动空间相对较小、空间可转角度有限、控制复杂度高等。1997 年，清华大学和天津大学合作研制了大型镗床类并联样机 VAMTIY。1998 年，东北大学研制了五轴联动三杆并联机床 DSX5-70。1999 年，天津大学和天津第一机床总厂合作研制了三坐标并联机床商品化样机 LINAPOD，哈尔滨工业大学也研制成功一台六自由度并联机床。

并联机床已经被广泛应用于汽车制造、航空航天、船舶制造、电子设备及仪表制造等领域，满足高效率、高精度、高稳定性的制造要求。

2022 年，清华大学联合北京卫星制造厂、烟台清科嘉研究院的科技成果——移动式混联加工机器人（图 3-58）成功入选"2022 世界智能制造十大科技进展"，在并联机

图 3-58　移动式混联加工机器人

器人历史长河中画下浓墨重彩的一笔。移动式加工机器人集高精度、高刚度、高灵巧、大范围加工于一体，加工精度达 0.02 毫米，一举解决了大型工件传统加工中机床庞大、成本高和大工件工序转移不方便等的难题，可满足航空、船舶等领域大型复杂构件高效加工需求，达到世界前沿技术水平。

3.9　钢铁行业的机器人

近年来，我国相继出台了"中国制造 2025""机器人产业发展规划""钢铁工业调整升级规划"等战略规划以支持包括机器人、钢铁行业的创新发展。钢铁行业工作中普遍存在劳动强度大、重复性高、高温、危险等问题，机器人代替人工作业意义重大。工业机器人广泛应用于炼钢炉前测温取样、连铸机自动加渣、检验取样、钢坯喷号、钢卷喷印、轧线取样、打捆、拆捆、焊标、贴标、打磨等，实现了全自动化钢材检验化验、智慧铁水运输系统、焦炉机车无人驾驶、冷轧智能生产线等智能生产。被机器人取代的岗位被概括为"3D"岗位，即 dirty（脏）、difficult（累）、dangerous（险）岗位。据报道，截至 2022 年年底，宝钢股份共有 1179 台机器人"上岗"，机器人应用密度居国内钢铁行业首位，2800 名体力劳动者从"3D"岗位解放出来。

（1）智慧铁水运输系统

宝钢股份宝山基地 2022 年年初投运的智慧铁水运输系统就是一个典型机器人系统案例。如图 3-59 所示，企业自主研发的灵巧鱼雷车（SmartTPC），是全球首创的铁水运输机器人，因外形像鱼雷而得名，它可在轨道上自主导航、无人驾驶、自动充电，彻底取消传统的牵引机车，完全替代了人工驾驶，被称为宝钢的"动车"。灵巧鱼雷车采

图 3-59　灵巧鱼雷车

用自动充电手进行充电，它安装在高炉炉下附近，采用自动引导对位、多轴运动、充电安全检测等技术，可以充分利用炉下作业或等待的间隙时间，自动连接鱼雷车充电口进行充电。"智能调度、罐空即配、满罐即走、到站即用"全新工艺模式不仅对铁水运输效率带来革命性的提升，还有效减缓铁水降温和燃油消耗。在调度室，原来的运输司机则变成了调度员。他的面前有两台弧形屏幕，一边是电子运行图，一边是工作表格，墙上的大屏幕还显示着各个卡口的实时监控画面。以前操作一辆车，现在同时监控 10 多辆车，他只需要在出现异常报警的时候，人工干预处理。运用智慧铁水运输系统之后，工人数量下降到了原先的 1/3。同时，铁水运输效率也得到了极大的提升。铁水配罐的流程得以优化，单台鱼雷车每日的周转次数从 3 次提升至最高 6 次，带动了铁钢界面的作业效率提升。同时，因为减少了鱼雷车的单程运输时间，进而减少铁水温降，节省下来的温度相当于每年减少二氧化碳排放量 4000 吨。

（2）测温取样机器人

2023 年，太钢集团太原基地首台测温取样机器人在炼钢二厂北区 3 号 LF 炉一次热试成功（图 3-60）。操作人员只需按下启动按钮，身着银色隔热服的机器人就会伸出长长的手臂，快速准确地完成测温取样作业。这也标志着炼钢二厂测温取样作业从粗放的人工模式进入智能的机器人模式时代。此次投用的测温取样机器人采用"一枪两用"的模式。钢包车进入 3 号 LF 炉工位前，雷达液位检测装置检测钢包内钢水液位高度，指导测枪插入钢水深度。作业时，机器人根据不同的测温、取样设定，自动安装探头进行测温取样作业，并在作业完成后自动拆卸探头，整个过程一键完成。

图 3-60　测温取样机器人

（3）拆捆带机器人

中冶南方自主研发了首台智能拆捆带机器人（图 3-61）。本体采用工业六轴机器人，通过 2D 激光扫描成像技术，自动检测钢卷外径、钢卷宽度、捆带数量及位置、钢卷带头位置，引导机器人精准定位至捆带，精准避开捆带扣。拆捆头与机器人采用浮动连装置，在拆捆头接触钢卷前，拆捆头与机器人的大刚度连接，确保拆捆头定位精准；在拆捆头接触钢卷后，拆捆头与机器人的小刚度连接，确保拆捆头与钢卷贴服紧密，提高剪切及铲除成功率。捆带铲起检测装置、集成二次铲起补救指令以及捆带滑落报警机制，提高捆带拆除的成功率及可靠性。捆带收集装置采用月牙形折弯方式，捆带折紧效果远超国外同类产品，大幅提高捆带收集的可靠性和安全性。智能拆捆带机器人替代传统人工作业，成功实现钢卷拆捆带和捆带收集无人化。

图 3-61　拆捆带机器人

（4）热轧盘卷挂牌机器人

热轧盘卷挂牌机器人由机器人本体、标牌制备装置、挂钩制备装置、立体视觉系统、挂牌末端操作器等组成，如图 3-62 所示，机器人本体采用了 ABB 六轴工业机器人，立体相机与挂牌末端操作器安装在一起，标牌上通过激光刻有盘卷的生产信息，通过立体相机识别热轧盘卷打捆线，确定挂牌位置，机器人抓取挂钩和标牌，在机器视觉引导下将标牌通过挂钩挂在打捆线上。

图 3-62　热轧盘卷挂牌机器人

(5) 成捆棒材端面焊牌机器人

成捆棒材端面焊牌机器人由机器人本体、标牌制备装置、焊钉送料装置、立体视觉系统、焊牌末端操作器等组成，如图 3-63 所示，机器人本体采用埃夫特六轴工业机器人，立体相机固定安装在机器人旁边。通过激光打标机在标牌上刻上成捆棒材的生产信息，通过立体相机识别成捆棒材端面，确定焊牌的棒材端面位置，机器人抓取焊钉并通过吸盘吸取标牌，在机器视觉引导下将标牌通过焊钉焊在棒材端面上。

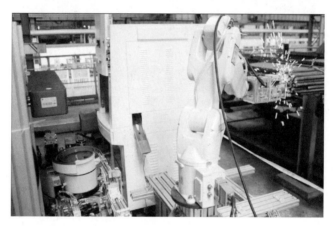

图 3-63　成捆棒材端面焊牌机器人

(6) 喷码贴标多功能机器人

由柳钢与柳州职业技术学院合作开发的喷码贴标多功能机器人在柳钢冷轧厂投用（图 3-64）。该机器人可实现钢卷外圈轴向喷码、端面喷码和外圈贴标签的功能，还可动态智能识别钢卷信息，提高标签信息的准确率，减少因钢卷信息丢失产生的问题。该机器人创新性地设计了喷码贴标双项功能一体化、可自动调整机器人运动路径、与步进梁控制系统实现安全互锁、自动清洗喷嘴功能、高速完成标签打印剥离、吸取、粘贴，每秒能喷一个字符。

图 3-64　喷码贴标多功能机器人

(7) 捞渣机器人

河钢集团邯钢公司邯宝冷轧厂应用了高精度视觉智能捞渣机器人（图 3-65），实现整个捞渣过程全部自动化。捞渣机器人伸出机械手臂，在机器视觉引导下，带动捞渣斗浸入锌液池内，等捞渣斗里盛满了锌渣，将锌渣倒入旁边渣料斗里，然后重复动作。10分钟左右，一个生产时间段内沉淀的锌渣就被捞干净。以往，捞渣工要面对 460℃的高温，一个班平均捞渣 4～5 次，而且沉淀的锌渣还捞不干净。该机器人还可以自动检测渣斗内渣料是否装满。如果渣料斗满，机器人就会自动报警，对操作人员进行提示。有了这个功能，操作人员就能实时准确掌握渣料斗情况，给工作带来了极大便利。

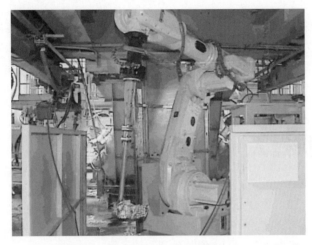

图 3-65　冷轧厂捞渣机器人

工业机器人在钢铁行业的广泛应用，大大降低了工人劳动强度，提高了劳动效率，实现生产自动化和高效化，提升了产线的精准操作水平，不但降低了企业成本，而且改善了工人的工作条件，机器人代替人工作业意义重大。

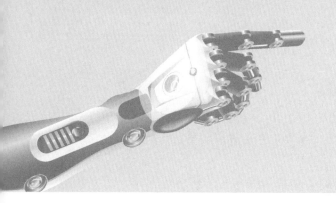

第 **4** 章

服务机器人

　　服务机器人是机器人家族中比较年轻的一员，目前应用越来越广泛，高度融合智能、传感、网络、云计算等技术，正向智能化方向发展。按用途不同，服务机器人主要包括：农业机器人、矿业机器人、建筑机器人、医用机器人、家用服务机器人和公共服务机器人等。

4.1　农业机器人

　　农业机器人是一种广泛用于种植、养殖、田间管理等农业生产中的新一代无人操作自动化机械。由于田间环境多变，农业机器人的工作任务具有极大的挑战性，因此，对智能化的要求要远高于工业机器人。

　　在种植和田间管理方面，农业机器人可以完成播种、育苗、插秧、移栽、施肥、喷药、除草、修剪、嫁接、收获及分拣果实等一系列操作；在养殖方面，农业机器人可以用于饲料投放、喂水、清洁、放牧等工作。智能化的农业机器人的广泛应用，改变了传统的农业劳动方式，降低了农民的劳动强度，大大提高了农业生产的效率和质量，促进了现代农业的发展。

　　目前，农业机器人更趋向小型化，传统的农业机械体积庞大、重量大，不适合在狭小的农田中操作，而小型化的农业机器人可以灵活地在农田中穿梭，完成各种农业作业。

　　同一台农业机器人通过更换不同的操作模块可以完成多个工作任务，提高利用效率，例如播种机器人除了能播种外，还可以完成一些施肥、除草等农田管理等工作；农业机器人借助传感器、计算机视觉技术等实现对环境的感知和决策能力，提高自主性和适应性，更智能化；此外，农业机器人通过机器学习算法，学习和识别不同作物的特征与需求，从而实现对作物的精准管理。农业机器人还可以通过人机交互技术，与农民进行智能对话，提供农业生产的建议和指导。

　　随着农业信息技术的快速发展，农业机器人还可以通过传感器、摄像头等设备获取农田的实时数据，如土壤湿度、温度、光照等，从而实现对农田的精细管理。农业机器人可以根据这些数据，自动调整作业参数，如施肥量、灌溉量等，以达到最佳的农业生产效果。此外，农业机器人还可以通过云平台将数据上传到云端，实现农田的远程监控和管理。

4.1.1　收获机器人

收获是农业生产中最耗时、费力的一个环节，收获作业季节性强、劳动强度大、费用高，因此保证农产品适时采收和降低作业费用是农业增收的重要途径。对于大面积种植的谷物，例如小麦、玉米等，传统收割机械不断得到完善，在向无人化发展，如图 4-1 所示为无人驾驶联合收割机。在北大荒集团的农场里，无人驾驶的智能收割机得到了广泛应用。在水稻收割时，通过北斗导航的指引，智能收割机接收到开始作业的指令，独立操作，待粮仓装满后，自动驶向路边的接粮车，精准地把稻粒卸进去。全程无须人在机车上操作，大大提高了收获的速度和质量。据悉，应用智能收割技术，每亩❶可以节约成本 15～20 元，同时也减少了驾驶员的需求。

图 4-1　无人驾驶联合收割机

但对于一些果蔬农作物，如西红柿、苹果、叶菜等，由于种植空间和果实生长部位复杂等因素的影响，目前多数采用人工采摘，采摘费用占成本的 50%～70%，而采摘机器人能够降低工人劳动强度和生产费用，提高劳动生产率和产品质量、保证农产品的适时采收，因而具有很大发展潜力，是未来智能农业机械的发展方向。

采摘机器人主要由行走系统、视觉系统和采摘执行系统组成，配合完成果蔬采摘。

根据农业地形和材质的多样性，行走系统可采用履带式、轮式或轨道式多种行走和驱动方式，满足不同场景要求。搭载视觉、激光或磁感应传感器完成路径规划和导航，可实现自主避障，还可轻松完成爬坡越障，更能适应田间多种环境。

有的采摘机器人在机械臂末端配有视觉系统，面对复杂的果园或菜园光线环境，可对果蔬大小、颜色、形状、成熟度进行识别，既快速又准确地找出成熟的果蔬，然后确定采摘位置。

❶ 1 亩≈666.67 平方米，下同。

　　成熟的果蔬表皮比较娇嫩，因此采摘机械手需要很好的柔性。柔性夹取是采摘执行系统的主要特征，柔性采摘手通过自适应控制完成果蔬的采摘，不伤果，可实现对苹果、柑橘、草莓、黄瓜、番茄、甜瓜、包菜、胡萝卜等果蔬进行采收。

　　如图 4-2 所示为甜椒采摘机器人。由于甜椒在植株上的生长位置没有规律，容易被枝叶遮挡，因此收获时要求机械手活动范围大，且能避开障碍物。这种甜椒采摘机器人具有多个自由度，能够形成指定的采摘姿态进行采摘，采用彩色工业相机作为视觉传感器来寻找和识别成熟果实，对目标进行定位，移动机构采用四轮前驱结构，能在垄间自行移动。采摘时，移动机构行走一定距离后进行图像采集，检测出果实相对机械手坐标系的位置信息，判断果实是否成熟。若可以收获，机械手靠近果实，用吸盘吸住果实后，用机械手指抓住果实，然后机械手通过旋转腕关节拧下果实。

图 4-2　甜椒采摘机器人

　　如图 4-3 所示的荔枝采摘机器人采用履带式底盘，配备关节机械臂，具备自主规划采摘路径、自动寻路、自主避障等功能，精准完成荔枝的采摘作业，大约每 10 秒采摘一串果实，成功率高达 90％，可有效提高果农收益。

图 4-3　荔枝采摘机器人

如图 4-4 所示的是剑桥大学的工程师开发出的一款自主式蔬菜采摘机器人，名叫 Vegabot，它经过了机器学习的算法训练，在不同天气情况下，能够自主识别和收获生菜等农作物，能够辨别生菜的健康度，以及选择采摘的发力处。该机器人装有弹性握持机械臂，在切割刀片附近配备第二个摄像头，以确保刀片顺利移动到正确的位置，平均每 32 秒可完成一个生菜的采摘，其成功率达到了 91%。

图 4-4　自主式蔬菜采摘机器人

4.1.2　喷药机器人

我国是传统的农业大国，在农业生产中，农药的使用量大，而不规范的使用与操作常常给种植人员的身体健康带来危害，长时间从事农药喷洒工作容易使农药在人体内累积从而导致慢性中毒。农药隐患是我国农业发展中的一个难题，而采用机器人作业，则可避免这些问题。目前喷药机器人主要有自走式和无人机式。

安徽合肥多加农业科技有限公司研发出了专门用于农药喷施的机器人，如图 4-5 所示。在遥控指挥下，机器人张开双臂，行进的同时将农药均匀喷洒，前进后退、转弯爬坡，如履平地。操作人员远隔 1 千米外也可遥控指挥该机器人，避免农药伤害并且提高农药的利用率；机器人装备锂电池，一次充电最多可工作 2～5 小时；一台喷施农药机

图 4-5　喷施农药机器人

器人一小时可以喷洒 50 多亩水稻田，相当于几十个劳动力的工作量，使规模化喷洒成为可能。

　　如图 4-6 所示为植保无人机，在农田里，农业技术员将无人机的桨叶展开、检查电源、启动遥控器、调配农药。一切准备就绪后，按下无人机遥控键盘，无人机携带农药随即上升到稻田上空，按照预设航线，来回进行喷洒农药作业，短短 10 分钟就能完成 10 余亩水稻的喷洒农药作业。据悉，采用植保无人机进行喷药作业，成本低、操作简单、农药喷洒覆盖率高，可以大大提高工作效率，节约防治成本。

图 4-6　植保无人机

4.1.3　种植机器人

　　传统农业种植是一种劳动密集型行业，许多劳动者用双手，用马或牛拉动农具进行耕作。后来，拖拉机广泛使用，拉着播种机等现代化农机播种、耕作，大大减轻了农民耕作的劳动强度。目前无人驾驶的耕作农机大量出现，并得到了广泛应用。

　　如图 4-7 所示为无人驾驶插秧机，实现了全自动插秧功能。波光粼粼的稻田中，一台台融合物联网技术、搭载卫星定位系统的无人驾驶插秧机，如同有一双"慧眼"，自

图 4-7　无人驾驶插秧机

如地按预先设定规划最优路线缓缓行进。所过之处，打孔、覆膜、插秧一气呵成。葱绿的秧苗纵横成线，行距和苗距精准掌控。插秧机所过之处，留下一排排整齐又均匀的秧苗，放眼望去一片翠绿。无人驾驶插秧机上安装了北斗卫星定位设备和辅助直行插秧系统，插出来的秧苗比人工驾驶插秧机的株距和行距都要整齐，不伤苗、不伤根、立苗快。

　　移栽机器人能够帮助农民完成辣椒、番茄、白菜等幼苗的移栽工作，在较短的时间内完成大量的移栽工作。如图 4-8 所示为蔬菜移栽机器人，一颗颗辣椒苗被该机器人栽插到菜垄上，整个操作过程快捷、整齐、省力。该机器人采用电力驱动，自动挖坑、覆土，行距、株距可调，利用机械自动抓取苗，比人工投苗效率大大提高，单人使用遥控器就能进行操作，平均每天的作业量在 20～25 亩之间。而且这款机器人采用模块化的设计理念，更换机器下方的工作组件，就能让它从精播机变身施肥机、植保机等多种农机。相比于传统的移栽方式，移栽机器人的工作效率更高，也更为节省时间和人力成本。

图 4-8　蔬菜移栽机器人

4.1.4　嫁接机器人

　　嫁接机器人技术，是一种集机械、自动控制与园艺技术于一体的高新技术。嫁接机器人利用传感器和计算机图像处理技术，实现了嫁接苗子叶方向的自动识别、判断，能自动完成砧木、穗木的取苗、切苗、接合、固定、排苗等嫁接过程。操作者只需把砧木和穗木放到相应的供苗台上，其余嫁接作业均由机器自动完成，它可在极短的时间内，把直径为几毫米的砧木、穗木的蔬菜苗茎秆切口嫁接为一体，使嫁接速度大幅度提高；同时由于砧木、穗木接合迅速，避免了切口长时间氧化和苗内液体的流失，从而又可大大提高嫁接成活率，为蔬菜、瓜果自动嫁接技术的产业化提供了可靠条件。如图 4-9 所示的嫁接机器人，运用符合人体工学的机械臂进行嫁接，是人工嫁接效率的 3 倍，嫁接对象包括西瓜、黄瓜、茄子、番茄等。

图 4-9　嫁接机器人

4.1.5　修剪机器人

葡萄果枝修剪工作通常要花费工人们数百小时的工作时间，而且工人的技术水平还得达到一定高度，才能判断哪些部分是需要修剪的以及怎样修剪。如图 4-10 所示的葡萄修剪机器人通过视觉系统观察、机器学习，可以确定植株哪里需要修剪，机器人通过关节臂，伸入葡萄植株，剪掉已死亡或得病的部分。

图 4-10　葡萄修剪机器人

4.1.6　除草机器人

德国科学家研发出了一款名叫 Bonirob 的除草机器人，如图 4-11 所示，其配备有计算机技术、全球定位系统等。机器人的 GPS 定位系统能够对田间的杂草位置进行记录。它能将自己的位置精确到 2 厘米以内，因此可以在农场的各种地块间极速穿行，准确找到杂草并清除，每分钟可以除掉 120 棵杂草，比人工除草要快得多。

Bonirob 具有学习能力，它根据人类提供的植物照片数据来判断杂草，除了除草

外，还能完成更多任务，比如，分辨土壤和作物的水肥状况，把除草、浇水、施肥的活
一起干了。目前这个机器人还在学习和完善。

图 4-11　除草机器人

　　如图 4-12 所示是瑞士企业 Ecorobotix 开发的智能除草机器人，利用计算机视觉传
感器搜索前方的土地并区分农作物和杂草。当发现杂草时，机器人下方的两个蜘蛛状的
手臂会精准喷洒微剂量的除草剂，使除草剂使用量比传统方式减少了约 20 倍，避免了
除草剂用量的浪费。该机器人完全实现了自动化运行，而无须任何操作人员，并由太阳
能电池板提供动力，每天工作时长可达 12 小时，利用 GPS 导航来跨越田间。

图 4-12　智能除草机器人

4.1.7　果实分拣机器人

　　在农业生产过程中，人工分拣果实不仅劳动量大、效率低，而且分拣准确度不稳
定，因此快速、准确和无损化分拣果实成为急需解决的问题。
　　如图 4-13 所示是基于机器视觉技术的水果分拣机器人，采用非接触式的图像传感
器，因此不会对水果造成损伤，可适用于多种类型水果的分拣。这款水果自动分拣机器

人将分拣与品质检验一体化，集成了图像处理以及曲线拟合软件，使得分拣过程准确率接近 96%。机器人不仅能够检测水果的大小和形状，而且能对水果外表的损伤进行分析，根据水果颜色这个外观特征能够间接判断其内部品质，如使用近红外光的品质检测法精确测定水果的糖度和酸度，检测过程十分迅速。

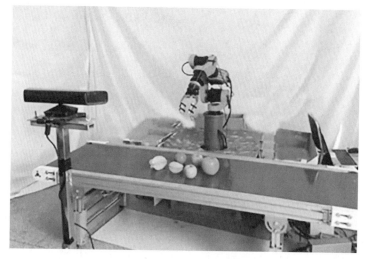

图 4-13　水果分拣机器人

基于机器视觉技术的分拣机器人可以将工人从繁重的劳动中解放出来，大大提高分拣的效率，除了分拣水果外，还被广泛地应用于食品、物流等多个行业。

4.1.8　动物饲喂机器人

动物饲喂机器人能够定时定量给动物喂食喂水。如图 4-14 所示的动物饲喂机器人可以自动往返运动将饲料推给奶牛，进行饲喂，还可自动充电，保障连续工作，提高了劳动效率，而且使用该机器人还可以改善牛群健康，增加产奶量、减少饲料的浪费和节约时间等。

图 4-14　动物饲喂机器人

4.1.9　放牧机器人

　　澳大利亚的发明家创造出一种像牧羊犬的机器人，如图 4-15 所示，它使用 2D 和 3D 感应器，且内置了全球定位系统，能在农场上代替传统的放牧劳力（人或牧羊犬），根据牛群的运动速度来赶着它们移动，这样牛群被赶着不断走动、吃草。

图 4-15　放牧机器人

4.1.10　其他农业机器人

(1) 耕地播种机器人

　　如图 4-16 所示的耕地播种机器人采用了定向播种技术，这些机器人以一种完全自主、高效且高精度的协作方式，来进行耕地和播种的工作，极大地改善了农耕时节农民从人工推犁耙到牛车拉犁耙，再到驱动农用车耕地的劳动方式。

图 4-16　耕地播种机器人

（2）育苗机器人

育苗过程中大部分时间只是把盆栽作物移来移去，这是一项非常单调枯燥的工作，浪费人力、效率不高。如图 4-17 所示的育苗机器人解决了这个问题。这个育苗机器人主要由滚动轮胎、抓手和托盘组成。工作人员只要实现在触摸屏上设定地点参数，机器人就能感应盆栽，并自动把它们移动到目的地。

图 4-17　育苗机器人

（3）灌溉机器人

为了使农作物更好地生长，浇水、施肥、除草是培育农作物的过程中必不可少的过程。如图 4-18 所示的灌溉机器人可以自行漫游，利用传感器检测农田的干燥度来智能地灌溉。有些土地比较湿润，不需要浇那么多水，有些土地比较干燥，需要浇大量的水，这样既为农作物提供了一个均衡的环境，又有效地节约了水资源。

图 4-18　灌溉机器人

（4）蜜蜂授粉机器人

　　植物开花授粉，才能酝酿果实。一到夏天，就能看到蜜蜂忙碌的身影。但如果种植的植物是在大棚里，且在蜜蜂冬眠时开花，授粉就成为一个难题。如图 4-19 所示的形似蜜蜂的小型飞行机器人，它可以自动传授花粉，还可以进行灾后搜查和救助工作，是一款功能多样的农用机器人。英国科学家的野心更大，他们希望能发明出一款模拟真实蜜蜂大脑的机器蜂，它能基本完成蜜蜂的工作。

图 4-19　蜜蜂授粉机器人

（5）农作物监测机器人

　　如图 4-20 所示的农业检测机器人，它的外形很像一款越野车，安装了高精度的卫星导航系统，能将自己的位置精确控制在 2 厘米以内，利用光谱成像仪来区分出绿色作物和褐色土壤，并记下每一株作物的位置，在生长季中一次次往返观察它们的生长。

图 4-20　农业监测机器人

　　如图 4-21 所示的"瓢虫"智能农业机器人，虽然不能消灭害虫，但它可以移动侦察农场，测绘、分类以及监测多种作物之间的问题。

图 4-21　"瓢虫"智能机器人

4.2　矿业机器人

　　矿业机器人是一种能够帮助人类在进行采矿时应对各种有毒、有害及危险情况的智能型机器人,可以完成勘探、采掘、防灾检测、救援和搜救等工作。随着机器人研究的不断深入和发展,采矿机器人的应用领域也越来越宽。

　　根据功能不同,矿业机器人分为:采掘机器人、井下喷浆机器人、清仓机器人、巡检机器人和其他矿用机器人。

4.2.1　采掘机器人

　　采掘机器人是一种用于采矿和掘进工程的机器人,通常用于地下采矿、隧道掘进等危险、恶劣的环境中。这些机器人通常具有自主导航、挖掘、装载和运输等功能,能够代替人工完成一些危险和繁重的工作,提高工作效率和安全性。

　　采掘机器人通常采用履带式底盘,采用具有较高灵活性和运动范围的六自由度或更多自由度的机械臂,采掘工具安装在机器人末端执行器上,用于挖掘和破碎材料,通过视觉传感器、激光雷达、超声波传感器等感知周围环境,采用激光导航或视觉导航技术确定机器人在空间中的位置和姿态,如图 4-22 所示。

图 4-22　采掘机器人

　　采掘机器人的应用范围非常广泛，包括矿山、隧道、水利、道路等工程领域。这些机器人通常采用模块化设计，可以根据不同的工作环境和任务需求进行定制和改装，具有很高的灵活性和适应性。

　　如图 4-23 所示的钻孔机器人，属于一种架柱式钻机，用于综采工作面岩石断层的钻孔爆破工作，或用于岩巷面和采掘面的超前瓦斯及水的探测钻孔。该机器人配有支撑支柱和履带式行走底座，底座和立柱之间采用了角度可调的连接盘，保证了钻机可打多个角度的孔。钻机体采用二级导轨，使得钻机结构紧凑，同时保证较大的钻孔深度。钻孔机器人整个施工过程只需一人远程遥控，每班可节省两人。同时，机器人配有自动上下钻杆、自适应钻进、钻孔深度自动记录等功能，可根据不同地质条件，自动调节推进速度，进行自适应钻进；通过对压力、转速及位移等参数的判断，钻机可自动进行旋转洗孔、快速后退等动作，智能防止卡钻、抱钻等事故的发生。施工全部由机器人完成，能够实时将视频影像及有关数据传输到遥控手柄监控屏幕上，操作人员根据屏幕上显示的钻孔压力、转速、推进速度等动态参数，随时调整指令。

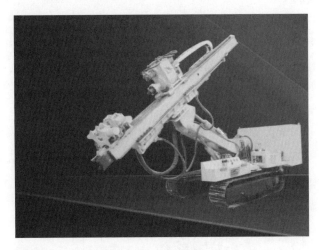

图 4-23　钻孔机器人

4.2.2　井下喷浆机器人

　　井下喷浆机器人是专为在井下等恶劣环境下进行高效、高质量的喷浆作业而设计的。这种机器人通过精确导航与定位、智能喷浆控制、材料优化、实时监控与反馈以及预防性维护等方面的技术手段，显著提高了喷浆作业的效率和施工质量，确保了井下喷浆作业的高效性和准确性，降低了人工成本和安全风险。

　　如图 4-24 所示的井下喷浆机器人由履带式底盘、机身、手臂、喷枪等组成，具有行走、泵送、配料、搅拌及喷射等功能，传感器系统主要包含距离传感器、角度传感器、气压传感器等，用于感知周围环境和喷浆效果，为机器人的自主运动和喷浆作业提供数据支持。由喷枪、泵、搅拌器等负责将混凝土等喷浆材料输送至喷枪，采用无线遥控方式，工作人员在地面与机器人通信，控制机器人完成喷浆工作。

图 4-24　井下喷浆机器人

4.2.3　清仓机器人

以前，清理矿井煤仓中的淤泥、碎石和杂物等，主要由人工使用铁锹和矿车进行，工人劳动强度大，作业环境恶劣，清理和运输对煤矿巷道污染严重，另外清理效率低下，清理周期长。井下煤仓清仓机器人是一种专为清理煤矿井下煤仓设计的自动化设备。这种机器人能够在恶劣的环境下，高效、安全地完成清仓工作，可在不同形状和大小的煤仓中灵活作业，大大降低了工人的劳动强度和危险性，广泛应用于各种煤矿井下的煤仓清理工作。

如图 4-25 所示的清仓机器人由主体机构部分、液压控制系统、机器人运送部分和电气自动控制部分等组成，所用电磁阀、摄像头、液压执行元件和照明器具等均选用防

图 4-25　清仓机器人

爆元器件；采用自带液压控制系统，可随同工作机构一起沿煤仓轴心线下移，增加了系统工作的可靠性。摆动液压缸装有转角传感器，测量旋转角度，可实现自动转角控制；机器人横向伸缩臂末端装有触动开关和伸缩位置传感器，可以判断是否触仓壁和大体伸缩位置；机器人装有摄像头，就像机器人的眼睛，施工人员通过仓口监视器可以对煤仓壁上黏结物的位置和大小进行判断。

未来，清仓机器人将采用更先进的技术，如人工智能、机器视觉、深度学习等，以实现更智能、更高效、更可靠的工作。这将极大地提高清仓机器人的性能，高效作业是清仓机器人发展的必然趋势。

4.2.4　巡检机器人

巡检机器人是一种自动进行设备或设施检查的机器人，主要利用传感器技术、图像处理技术、导航技术等实现自动化巡检，能够提高巡检效率、降低人工成本、避免人工巡检的危险等。巡检机器人的应用范围广泛，常用于无人值守或难以进行人工巡检的场所，如电力系统、石油化工、航空航天、核工业等领域。它们可以在各种复杂的环境中工作，如高温、低温、潮湿、干燥、有毒等环境，以及一些人类难以到达或者危险的地方。

巡检机器人通常由移动平台和巡检装置两部分组成，如图 4-26 所示，移动平台负责在环境中移动，包括轮式、履带式、飞行式等类型，根据场所的不同选择合适的移动方式；巡检装置则负责检测、识别和记录设备或设施的状态，包括摄像头、红外传感器、气体传感器等。

巡检机器人通过 GPS、激光雷达、里程计等方式进行定位和导航，确定自己的位置和方向。利用各种传感器采集数据，如温度、湿度、气体浓度等，并将数据传输到控制中心。利用摄像头采集图像，通过图像处理技术识别和判断设备或设施的状态，如是否有故障、是否有

图 4-26　巡检机器人

人入侵等。将采集的数据和图像存储到数据库中，并通过分析软件进行数据分析和挖掘，以发现异常情况。一旦发现异常情况，会立即发出报警信号，并采取相应的措施。

在采矿过程中，如果遇到地下某处有瓦斯喷出，遇到矿道中的空气就非常容易发生爆炸事故，在地下矿道中布置防爆型巡检机器人，就能够非常好地解决这个问题。当机器人遇到瓦斯泄漏的时候，可以检测出瓦斯的浓度，就算遇到爆炸事故，也不会造成工人伤亡，这样就可以极大地保护矿工的生命安全。如图 4-27 所示的防爆型巡检机器人由黑龙江集佳电气设备有限公司研制，外形宛如一辆坦克，在技术人员的操控下，沿着指定路线进行巡视，可在恶劣环境条件下完成特殊任务。

总之，巡检机器人通过多种传感器、控制单元、电源、通信模块、自主导航系统、

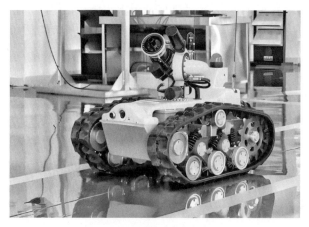

图 4-27　防爆型巡检机器人

数据处理与分析系统和远程控制系统，可完成在各种环境中的自主巡逻、检查和监控任务。这些组成部分协同工作，使巡检机器人成为一种高效、可靠的自动化设备，为设施的安全和管理提供了有力支持。

4.2.5　其他矿用机器人

（1）防冲钻孔机器人

防冲钻孔机器人用于防止井下冲击地压事故的发生。如图 4-28 所示的防冲钻孔机器人采用电液智能控制，能够实现自动上下钻杆、遥控操作，具备自主或遥控移机、精确定位、自动调整钻姿、智能钻孔规划、钻孔定位、自适应钻进、钻屑参数与地压实时监测及遥控作业功能，实现高地应力环境下大孔径防冲钻孔自动化施工。

（2）水仓清理机器人

如图 4-29 所示的水仓清理机器人由输料装置、挖掘装置、泵送装置、行走装置、操

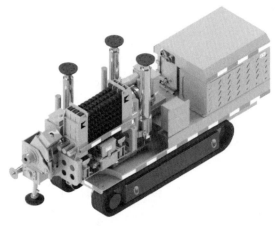

图 4-28　防冲钻孔机器人

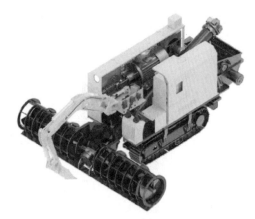

图 4-29　水仓清理机器人

控装置、电气系统、液压系统等组成，用于清理水仓内的淤泥和杂物，保证水仓的正常运行。其工作过程是行走装置带动机体向前推进，物料被集料螺旋强力搅拌并收集到中间部位，同时使水仓底部的煤泥与水仓上部的细煤泥混合成均匀的煤泥浆。通过上料螺旋提供稳定的流体将煤泥输送至泵送装置的料斗内，同时挖掘装置能对沉淀煤泥层进行挖装清理，可左右偏摆 45 度，能有效提高煤泥集料宽度和上料效率。最后通过泵送装置高压泵送，实现了远距离输送。

（3）架棚机器人

矿用架棚机器人是一种应用于矿井内的机器人，作为矿井安全防护的重要设备之一，用于架棚巷道钢棚的辅助安装作业，自动完成矿井巷道的安全防护工作，如图 4-30 所示，主要由举升臂、托梁架及升降作业平台组成，能够快速、准确地完成支架和棚子的安装工作，提高矿井安全防护的效率。

（4）开槽机器人

开槽机器人是专为煤矿巷道沟槽开挖（如密闭墙施工）、小范围煤岩切割等特殊条件施工研制的一款设备，结构紧凑，操作方便，可有效降低劳动强度，实现减人提效，如图 4-31 所示。

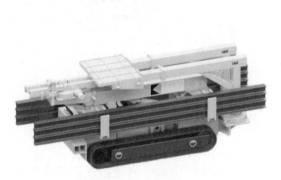

图 4-30　架棚机器人

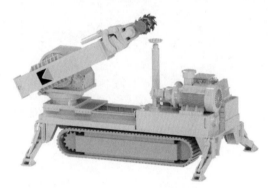

图 4-31　开槽机器人

4.3　建筑机器人

建筑机器人是用于工程建设方面的机器人，分为遥控、自动和半自动控制三种，可以在自然环境中进行多种作业，其中以自然作业为最大特征。建筑机器人的机种按其共性技术可归纳为三种：操作高技术、节能高技术和故障自行诊断技术。随着机器人技术的发展，高可靠性、高效率的建筑机器人已经进入市场，并且具备广阔的发展和应用前景。

4.3.1　测量与检测机器人

测量机器人是一种集成了传感器技术、机器视觉技术、运动控制技术等多项先进技术的自动化设备，广泛应用于建筑施工、建筑监测、古建筑保护等领域。如图 4-32 所示，它主要通过距离传感器、激光雷达、摄像头等设备，能够快速、准确地获取建筑物的尺寸、形状、高度等数据，并将数据传输至处理器，处理器对数据进行处理和分析，生成精确的三维模型，为建筑设计、施工和监测提供精确的三维模型和数据支持。同时，机器人还采用运动控制技术，实现精确、平稳的运动，完成各种测量任务。

　　测量机器人可以提高测量精度和效率，减少人工误差和劳动强度，能够适应包括高层建筑、隧道、桥梁等各种复杂的建筑结构和环境，为建筑行业的发展带来巨大的经济效益和社会效益。

　　检测机器人与测量机器人类似，主要用于检测建筑物的质量缺陷和安全隐患。它们通过内置的传感器和计算机视觉技术，对建筑物进行全方位的检测和分析，并将结果反馈给工作人员，以便及时采取措施进行处理，如图 4-33 所示。

图 4-32　测量机器人

图 4-33　检测机器人

4.3.2　室内喷涂机器人

图 4-34　室内喷涂机器人

　　室内喷涂机器人是一种专门用于室内墙面、天花板等表面自动喷涂油漆或涂料的机器人。这种机器人通常由机械臂、运动控制系统、传感器、喷枪等部分组成，实现高效、高质量的自动化喷涂作业。室内喷涂机器人采用仿生学的原理，模仿人的手臂和手指运动，实现各种姿态和轨迹的运动。

　　如图 4-34 所示的室内喷涂机器人，采用六轴关节式机械臂结构，手臂和手腕的设计能够保证机器人在喷涂过程中保持稳定，同时末端执行器安装有喷枪或刷子等喷涂工具，实现室内墙面的自动喷涂，能长时间连续作业，施工质量更好、效率更高、成本更低。

　　目前，室内喷涂机器人已经实现了高速、高精度的喷涂，并能够适应各种复杂表面的喷涂需求。同时，随着人工智能技术的发展，室内喷涂机器人也在逐步实现自适应学习和智能控制，进一步提高其喷涂效果和效率。

4.3.3　墙板安装机器人

墙板安装机器人是一种用于墙板、幕墙、门窗等建筑构件的搬运及辅助安装的机器人，一般采用具有多个自由度的机械臂结构，以便于适应不同形状和尺寸的墙板。此外，还需配备重载能力强的移动底盘，以支撑和移动墙板，通过激光定位系统、红外线定位系统、视觉定位系统等传感器实现与建筑构件的精确对位，确保安装精度和质量。如图 4-35 所示，这种机器人主要由机械臂、移动平台、传感器系统、控制系统、抓取与放置系统等组成。其中，机械臂通常采用关节式结构，移动平台采用轮式结构，以便在墙面上进行移动。通过其内部的控制系统和传感器，实现精确的位置控制和姿态调整，从而将墙板、幕墙、门窗等建筑构件按照设计要求进行搬运和安装，可以降低人工劳动强度，提高工作效率，是现代建筑行业中常用的设备之一。

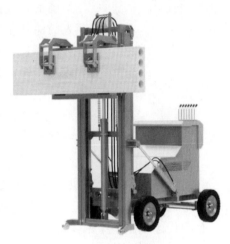

图 4-35　墙板安装机器人

此外，墙板安装机器人还可以配备各种不同的末端执行器，以适应不同类型的建筑构件和不同的安装方式。例如，一些机器人可以使用吸盘或夹具等执行器来抓取和安装墙板，也可以使用激光切割器等执行器来执行更复杂的任务。

4.3.4　地坪涂漆机器人

图 4-36　地坪涂漆机器人

地坪涂漆机器人通常由机器人主体、控制系统、涂料系统和清洁系统等组成，可以在地面上涂装各种涂料，如油漆、环氧树脂漆等。机器人主体通常采用先进的运动系统，可以准确地控制机器人的速度、方向、运动轨迹和涂装过程。涂料系统通常采用高精度的喷枪和传感器，可以准确地控制涂料的流量和喷涂的厚度。清洁系统可以清除机器人表面的污垢和残留物，保证机器人的清洁和正常使用，如图 4-36 所示。

地坪涂漆机器人的应用范围非常广泛，如工厂、仓库、车库、购物中心等场所的地坪涂装。机器人可以完全替代人工，不仅可以提高涂装效率和涂装质量，而且能够降低环境污染。此外，地坪涂漆机器人还可以适应不同的工作环境和涂装需求，如水泥地面、瓷砖地面、木材地面等。随着科技的进步和环保意识的增强，自动化地坪涂漆机器人的应用前景十分广阔。

4.3.5 平直抹灰机器人

图 4-37 平直抹灰机器人

平直抹灰机器人通常由一个带有平台的机器人和一个涂抹装置组成，如图 4-37 所示。它主要通过涂抹装置在建筑物的墙面、地面等部位实现抹平或抹灰的作用。平直抹灰机器人的涂抹装置由电动涂抹机和砂浆输送泵组成。电动涂抹机可以通过控制系统实现自动上下、左右、前后移动，并进行旋转、倾斜等动作，砂浆输送泵则将砂浆物料从储存器中输送到电动涂抹机上进行涂抹。

在施工现场，工人通过控制终端来操作机器人完成抹平或抹灰工作。由于抹平机器人具有高精度的定位和运动控制能力，因此可以提高抹平或抹灰的精度和效率。

在实际应用中，抹平机器人需要与其他施工设备进行配合使用，如搅拌机、运输车等。抹平机器人可以提高建筑施工的效率和施工质量，减少工人劳动强度和施工安全风险，是现代建筑施工中的重要工具之一。

4.3.6 钢筋作业系列机器人

钢筋作业系列机器人是一种专门用于建筑行业钢筋加工和绑扎的机器人。这些机器人采用先进的视觉识别技术，不断采集现场的图像数据，对图像进行处理和分析，能够准确识别钢筋的位置和形状，并控制机械臂和执行机构进行快速、精确的加工和绑扎。在操作过程中，操作人员可以通过人机交互界面进行远程监控和控制，确保作业的顺利进行。钢筋作业系列机器人可以完成钢筋切割、弯曲、捆绑、搬运等多种任务。它们可以大大提高钢筋加工和绑扎的效率，减少人工操作的时间和成本，同时可以提高钢筋加工的质量和精度，如图 4-38 和图 4-39 所示。

图 4-38 钢筋绑扎机器人

图 4-39　钢筋焊接机器人

　　钢筋作业系列机器人适用于各种规模的建筑工地，尤其适用于高层建筑、大型基础设施和复杂的工业厂房等需要大量钢筋作业的工程。在施工过程中，这些机器人能够极大地提高工作效率，减少人工干预，降低劳动强度，同时保证了施工质量和安全。此外，钢筋作业系列机器人还可以适应不同的工作环境和需求，例如在建筑工地、桥梁施工等场所进行钢筋加工和绑扎。它们可以根据不同的施工要求和设计参数，进行自动化的调整和优化，以满足不同的施工需求。

4.3.7　拆除机器人

　　Brokk 拆除机器人是瑞典布鲁克公司研制的一系列多性能机器人，主要用于楼宇降层拆除、大型商场室内改造拆除、地铁隧道岩石破拆、构筑物中的梁板柱拆除等一系列拆除施工，如图 4-40 所示。操控者采用无线遥控操控，可以远离危险点，采用最佳的路线进行破碎作业，避免了脱落碎石的伤害。Brokk 拆除机器人采用三臂结构，可实现液压锤的多方向破碎作业；机器人可快速地爬到碎块上面进行作业，也可以轻松地登爬楼梯。不但能够高效快速地完成建筑物

图 4-40　Brokk 拆除机器人

内部的拆除，而且它工作时无噪声、无振动、无粉尘、无废气。Brokk 拆除机器人可通过电梯运送或爬楼梯、穿过狭小的门廊进入工作场地，更适合在室内和狭窄场地进行拆除工作，节省劳动力。

4.4　医用机器人

　　医用机器人是多学科研究和发展的成果，应用于诊断、治疗、康复、护理和功能辅助等诸多医学领域。

4.4.1　外科手术机器人

外科手术机器人，也被称为手术机器人，是一种自动或半自动的外科手术辅助设备。如图 4-41 所示，外科手术机器人基于机器人技术、医学影像技术、传感器技术等多个领域的知识，通过遥控操作和精确的机械臂控制，用于协助医生进行高精度、高稳定性的手术操作，可以减轻医生的工作负担，降低手术难度，提高手术成功率。

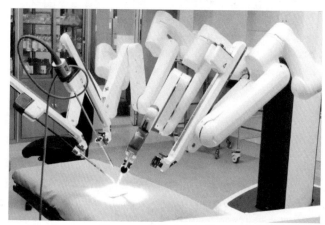

图 4-41　外科手术机器人

外科手术机器人通过医学影像设备（如 CT、MR 等）获取患者的三维图像数据，医生在控制台中可以对这些数据进行处理和导航，以确定手术的目标和路径。通过控制系统接收并处理医生的指令，驱动机械臂运动，以精确地控制手术器械的位置和动作。同时，传感器监测手术过程中的各种参数，以确保手术的准确性和安全性。医生在控制台中可以实时监控手术过程，并根据需要进行调整。此外，机器人还配备多种工具和传感器，如切割工具、缝合工具、内窥镜等，以及用于图像处理和导航的高级软件系统。同时，机器人还提供语音、视觉等多种交互方式，以方便医生进行操作。

外科手术机器人是一种具有潜力的医用机器人，可以提高手术的质量和效率，为患者带来更好的医疗体验，几乎涉及了所有的手术领域。尤其是在复杂、精细和危险的手术中，机器人的优势尤为明显。例如，在脑外科、心脏外科、关节置换、显微外科和整形外科等领域，外科手术机器人已经成为主流的手术工具。

4.4.2　血管机器人

血管机器人，也称为微型手术机器人或内窥镜手术机器人，如图 4-42 所示，是一种能够进入人体内部进行手术操作的医疗设备。血管机器人的主要功能包括：血管疏通、病灶切除、药物投放等。血管机器人通常由机械臂、手术器械部分、控制系统等组成。手术器械部分包括手术刀、夹具、摄像头等，用于在手术过程中进行切割、夹持、观察等操作。控制系统则通过计算机和微型化传感器等，实现对手术器械的精确控制。

血管机器人可以通过人体的自然腔道或微型切口进入人体内部，在血管中自由移

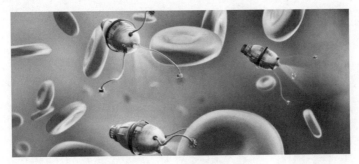

图 4-42　血管机器人

动，通过对手术器械进行精确的操作，对血管进行诊断和治疗，实现无创手术。在手术过程中，医生通过外部的控制器对机器人进行操作，机器人通过感知和反馈系统实现与医生动作的同步，从而完成手术操作。

血管机器人广泛应用于心血管、脑血管、消化系统等领域，可完成冠状动脉成形、心脏瓣膜置换、脑动脉瘤夹闭、脑血栓取出、胃溃疡修复、肠息肉切除等手术。

血管机器人作为一种先进的医疗设备，具有广泛的应用前景和重要的临床意义。首先，随着材料科学和制造工艺的不断发展，血管机器人的设计和制造将更加精细化；其次，随着人工智能和机器学习技术的应用，血管机器人的自主控制能力将得到提高；最后，随着多学科交叉研究的深入开展，血管机器人的应用领域将进一步拓展。

4.4.3　康复机器人

康复机器人是专门用于帮助或辅助身体功能受限或损伤的患者进行康复训练的一类机器人，旨在通过物理治疗、运动训练等方式，以及通过精确的运动控制和反馈机制，帮助患者恢复身体功能，提高生活质量，能够为患者提供人性化的康复治疗方案，已经广泛地应用到康复护理、假肢和康复治疗等方面，这不仅促进了康复医学的发展，也带动了相关领域的新技术和新理论的发展。

康复机器人包括多种类型：上肢康复机器人，如图 4-43 所示；下肢康复机器人，如图 4-44 所示；多体位智能康复机器人，如图 4-45 所示。康复机器人采用了传感器、

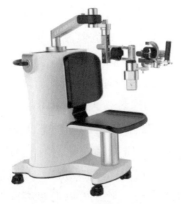

图 4-43　上肢康复机器人

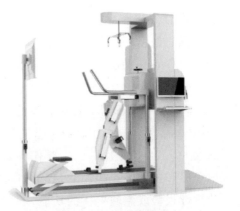

图 4-44　下肢康复机器人

机器学习、人工智能等多种技术，可以根据患者的具体情况和康复需求，提供个性化的康复训练方案。

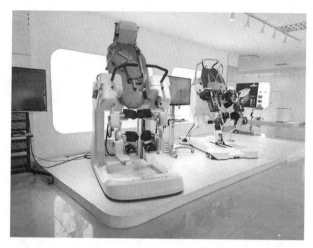

图 4-45　多体位智能康复机器人

　　康复机器人通过传感器系统，可以实时感知患者的生理信号和运动状态，可以进行运动学和动力学分析，以及生物力学分析等，评估患者的康复进展和治疗效果，根据患者的实际情况进行个性化的调整，帮助医生制订更个性化的康复计划，以实现更精准的康复训练，还可以进行机器人的自适应控制和优化设计，以提高康复机器人的适应性和可靠性。控制系统根据感知与识别模块反馈的信息，控制机器人运动的速度、角度、力量等参数，以及调整辅助系统的设置，可以辅助患者进行个性化的康复训练。此外，通过控制机器人的阻力和助力，还可以帮助患者逐步恢复肌肉力量和运动能力。人机交互系统通过语音、手势等交互方式，理解患者的意图和需求，并提供适当的反馈和建议，还可以帮助患者逐步适应机器人的辅助，提高康复训练的效率和安全性。

4.4.4　护理机器人

　　护理机器人技术是一个跨学科的研究领域，涉及机器人技术、人工智能技术、大数据应用挖掘、医学护理等多个领域。护理机器人可以协助护理人员完成一些重复性、烦琐的护理工作，帮助护理人员减轻工作压力，提高工作效率，能够更好地关注患者的病情和康复情况，旨在为医护人员提供更加高效、舒适、安全的护理支持，同时可以提供更加精准、高效的护理服务，提高患者的舒适度和满意度，为患者带来更好的护理体验。

　　如图 4-46 所示的家庭小护士型的护理机器人，主要使用者是居家的老人，特别是独居的老人。"小护士们"的主要任务是监督和提醒老人按时服药、休息和运动，准确无误地督促和监督老人遵循和执行医疗或康复计划，还会进行简单的对话，并且它们都有自动拨打报警或急救电话的功能，并配有显示屏和摄像头，老人可以通过视频与医生或者家人对话，不仅帮助了老人，而且减轻了家人的看护负担。特别是对于那些不住在一起的或忙于工作的子女来说是大有帮助，因为可以随时看到老人的情况，有助于他们安心工作。

　　陪伴型护理机器人如图 4-47 所示。它们主要陪老人聊天，还能自己找话题聊天、唱歌和跳舞等，目的是解决老人孤独感的问题，同时通过激发老人会话和思考，保持脑细胞的活力，预防和延迟老人患阿尔茨海默病。机器人常做成宠物型的机器狗、机器猫、小海狮、兔子、卡通人物等，还会撒娇以刺激情感的交流，这类机器人已经被广泛地使用在帕金森综合征等失忆症、自闭症和抑郁症的治疗过程中。这类机器人体型小，面部和动作表情丰富，有的会讲话，有的只是发出小动物的声音，但是都使用了 AI 技术，会通过人脸和声音识别，聪明又有个性，因此它们很快就受到老人们的宠爱，成为老人安全和可信赖、省心省事的陪伴者。

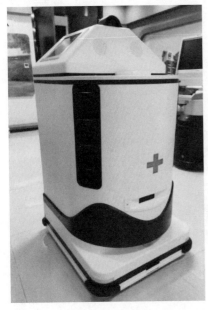

图 4-46　家庭小护士型的护理机器人　　　　图 4-47　陪伴型护理机器人

　　护理机器人目前仍处于发展阶段，其功能和性能仍在不断完善和提升中。此外，由于护理机器人的使用涉及医疗护理领域，因此在使用护理机器人时，还需要结合专业的医疗护理人员的指导和建议，以确保患者得到安全、可靠的护理服务。

4.4.5　医学教育机器人

　　医学教育机器人是一种特殊的教育机器人，可以模拟人体各种生理和病理状态，提供高度仿真的模拟手术和诊断训练，主要用于医学教育和培训。医学教育机器人具备高度互动性和可重复性，可以在任何时间、任何地点进行训练，而且不会给病人带来任何风险。

　　一些医学教育机器人可以模拟人体解剖结构，用于练习手术技巧，而另一些机器人则可以模拟疾病的症状和体征，用于诊断和治疗训练。此外，还有一些机器人可以通过虚拟现实技术来模拟真实的手术场景，提供更加逼真的训练体验。

医学教育机器人通常采用高仿真设计，模拟人类的外观、动作和生理反应，以达到逼真的模拟效果。此外，它们还配备了各种传感器和检测设备，可以实时监测和记录模拟病人的生理数据，为学员提供准确的反馈。

医学教育机器人的出现，极大地提高了医学教育的质量和效率，通过这种方式，医学生可以在高度仿真的环境中进行训练，提高手术技巧和诊断能力，缩短从学生到专业医生的过渡时间。此外，还可以用于在职医生的继续教育和培训，帮助他们更新技能和提高专业水平。

如图 4-48 所示，医学教育机器人的胸腔和腹腔装填满了高精密的仪器设备，将手按在其胸口，还能感觉到非常有韵律的呼吸起伏，且通过程序参数的设置，可以被调试成不同的年龄、身体状态，上到 80 岁的"大爷"，下到 20 岁的"小伙子"，它能模仿很多内科疾病。

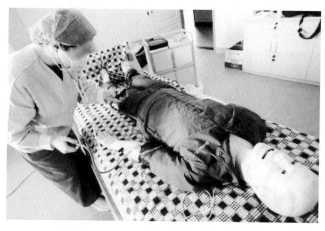

图 4-48　医学教育机器人

高级全自动电脑心肺复苏模拟人主要用于医学急救教育，如图 4-49 所示，在进行心肺复苏术（CPR）技能训练时，可模拟正常生理状态、心搏骤停状态等，以及各种急救反应，如心率、呼吸、血压等。根据模拟人的反应，系统可智能化评估操作者的技能水平，并提供反馈和指导。适用于医学院校、医疗机构、红十字会等机构进行急救培

图 4-49　高级全自动电脑心肺复苏模拟人

训，帮助在读医学生、医护人员、急救人员等进行心肺复苏技能训练。

随着人工智能技术的不断发展，医学教育机器人将会越来越智能化和个性化。未来，医学教育机器人将能够更加真实地模拟人类的生理和病理特征，提供更加逼真的实践环境。此外，医学教育机器人还将与虚拟现实、增强现实等技术相结合，提高实践的趣味性和互动性。同时，随着机器学习技术的发展，医学教育机器人将能够自动分析和指导学员的表现，提高培训效果。

4.5　家用服务机器人

家用服务机器人是在家居环境或类似环境下从事家庭服务的机器人，以满足使用者生活需求为目的，能完成清洁卫生、物品搬运、防盗监测、空气净化、家电控制，以及家庭娱乐、病况监视、儿童教育、报时催醒、家用统计等工作。

家用服务机器人可分为家务机器人、养老助残机器人、娱乐机器人、家用搬运机器人、家庭厨房机器人和家用教育机器人等。

4.5.1　家务机器人

家务机器人指的是能够代替人完成家政服务工作的机器人，一般包括行进装置、感知装置、接收装置、发送装置、控制装置、执行装置、存储装置、交互装置等。

(1) 扫地机器人

如图 4-50 所示为扫地机器人，又称自动打扫机、智能吸尘器等，是智能家电的一种，能凭借人工智能，自动在房间内完成地板清理工作。一般采用刷扫和真空方式，将地面杂物吸纳进自身的垃圾收纳盒，从而完成地面清理的功能。扫地机器人的机身为无线机器，以圆盘形为主，使用充电电池供电，操作方式为遥控器或是机器上的操作面板，能设定时间预约打扫，自行充电，前方设置有感应器，可侦测障碍物，如碰到墙壁或其他障碍物，会自行转弯，可以规划清扫路线。因为其简单操作的功能及便利性，现

图 4-50　扫地机器人

今已逐渐普及，成为"上班族"或是现代家庭的常用家电用品。

图 4-51　清洁机器人

如图 4-51 所示的清洁机器人具有清扫、吸尘和拖地多模式，可自由组合，轻松解决顽固污渍。这款机器人搭配高性能的锂电池，具有 10 小时超长续航能力，推尘模式最高支持 8 小时作业，不间断吸尘模式下单次工作时间超 4 小时，每小时清洁面积超过 2000 平方米；并且清洁机器人还支持智能自动回充功能，到达预定值后会及时补充电量，支持断点续扫，选配梯控系统，实现自主上下楼，保证清洁工作的连续性和高效性；夜间可按照设定工作，摆脱时间限制，贴边清扫无死角。并且该机器人还采用可馈缩双边刷设计，实现贴边清扫功能，桌底、墙角等死角的清扫也可以轻松完成，做到真正的全方位清洁，无死角。同时该清洁机器人具备超强的路面适应性，适用于大理石、水泥地、环氧地坪、地毯等地面，配备高性能的大功率电机，爬坡能力一流，能稳定通过 8 度坡面。

（2）清洁消杀机器人

清洁消杀机器人集扫地、拖地、吸尘与雾化工作于一体，如图 4-52 所示，能够替代人工高效完成清扫及消毒等脏活累活。该机器人基于雷达、视觉等多传感融合技术和模块化的设计，可以实现高效和同步作业，为家庭、写字楼和医院等场景创造医疗级卫生环境。

（3）草坪修剪机器人

如图 4-53 所示的草坪修剪机器人通过融合多种传感器信息，让机器能够在各种草坪环境中实现精确定位，通过手机 APP 来遥控机器人，可以在院子中绘制一张工作区域地图，地图中会记录院子的形状、边界的位置、需要避开的禁区等，然后机器人根据这张地图去规划最优的割草路径，从而实现无边界规划式割草，极大地提升了工作效率，对比传统割草机器人平均节省 1.5～4 小时，同一片草地上，割草效率提升 6 倍。此外，该款割草机器人采用了轮毂电机，配合 50 毫米越野级橡胶宽胎，越障能力超强，并大大降低了结构的复杂度，减少了行驶时的噪声；且降低了刀盘转动的噪声，工作时最高音量相当于电动牙刷，仅 54 分贝，比当前业内最低噪声水平 58 分贝还低 4 分贝。

图 4-52　清洁消杀机器人

（4）园艺机器人

爱丁堡学校的科研团队开发出 Trimbot 园艺机器人，如图 4-54 所示，这个机器人上装备了 3D 投影的立体相机，以及灵活性机械手臂，不但可以进行花园的平时收拾工作，而且可以修剪玫瑰花和灌木丛，能够协助老人或者伤残人照顾自己的花园。

图 4-53　草坪修剪机器人

图 4-54　Trimbot 园艺机器人

4.5.2　养老助残机器人

　　中国社会正处于人口老龄化并加速深度老龄化的进程中。2018 年年末，中国 60 岁及以上人口 24949 万人，占总人口的 17.9%，预计到 2050 年前后，中国老年人口数将达到峰值 4.87 亿，占总人口的 34.9%。在年轻人赡养压力不断增加的当下，协助老年人生活的机器人应运而生。"养老陪护服务型机器人"可以解决老人养护问题，未来有着巨大的市场，甚至未来人们一谈到"老人照护"，就会想到陪护机器人产品。

　　如图 4-55 所示的监护机器人可以在用户外出时看家并帮助照看老年人。这款机器人依靠左右两侧的大车轮移动，正中屏幕上显示"眼睛"，脸部表情有多种变化。监护机器人可以通过摄像头和传感器掌握家中障碍物自行移动，用户可在外通过监护机器人确认家中状况，也可收到家中无人时发生异常或老年人出现异样状况的即时通知。此外，监护机器人还支持音乐与视频发布、视频通话等。

如图 4-56 所示为床椅一体机器人，它可以让瘫痪病人不需要外界任何帮助的情况下，自行完成翻身、抬脚、起身等基础动作，大大减轻了陪护人员的负担。床椅一体机器人可以通过操纵摇杆出行，操作者只需要按一下手柄，它就可以控制后背部分上升，小腿部分下降，最后变形成一个电动轮椅，可以通过操纵摇杆来进行方向变换。

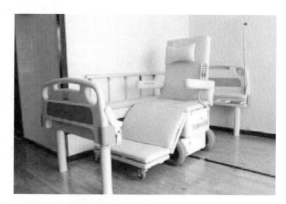

图 4-55　监护机器人　　　　　　　　　　　　图 4-56　床椅一体机器人

最近几年，国内外针对外骨骼机器人的研究越来越多，技术也不断进步，这对于伤残病人的康复以及他们今后的生活都有直接的好处。如图 4-57 所示为下肢外骨骼康复训练机器人，是一种新型的基于 AI 控制技术的智能化康复设备，能感知到人行走快慢等主观意愿，实现机器人辅助与人体行为（包括上下楼梯、上下坡等复杂动作）的自适应。该机器人以多关节、多自由度、多速度的模式为下肢运动功能障碍患者提供主被动结合的康复训练，对脊髓损伤、脑损伤、神经系统疾病、肌无力、骨关节术后等因素导致的下肢运动功能障碍起到非常好的治疗作用。通过数字化康复智能体系，可以利用步态检测分析系统及足底压力检测分析系统对下肢运动能力进行评估，进而为不同患者量身制订整体、全面的康复计划，为失能人群的站立行走提供更为安全可靠的恢复训练。

图 4-57　下肢外骨骼康复训练机器人

4.5.3　娱乐机器人

娱乐机器人具有人或动物的外形，能够移动，可以与人交流互动，跳舞表演等，用于家庭娱乐，可以为人们解除精神上的疲劳。如机器人歌手、足球机器人、玩具机器人、舞蹈机器人、书法机器人等。消费者可以通过个人电脑或手机与这类机器人连接，通过互联网指挥这些机器人进行表演。如图 4-58 所示的阿尔法人形机器人，它具备娱乐、益智、服务等多项功能。其中比较有特点的是它可以模仿人类自主直立行走，而且动作精确、灵活。除此以外，它还可以表演唱歌、跳舞、打功夫、讲故事、踢足球，并通过语音、键盘、遥控器等方式完成指定的各种任务。

4.5.4　家用搬运机器人

在家里如果搬运家具、冰箱等重物，一般是用手推车，需要靠人力去推拉车才能移动，是很累人的，造成生活非常不方便。而让家用搬运机器人来搬运重物就会非常轻松。如图 4-59 所示的家用搬运机器人具有激光导航，可实现跟随绕障和自主导航，能实现单车或多车跟随人自动驾驶，人走到哪儿，就跟到哪儿，非常适合拣选、零散重物搬运，提高工作效率的同时还能提高人们高效轻松工作的愉悦感。

图 4-58　阿尔法人形机器人　　　　　　　　图 4-59　家用搬运机器人

4.5.5　家庭厨房机器人

家庭厨房的工作往往是很繁重、枯燥的，面对一堆需要清洗、分割的蔬菜，一堆要煮的食物，一摞待清洗的盘子，又能怎么办？家庭厨房机器人能够完成一系列烦琐的烹饪任务，例如切菜、搅拌食材，可以根据菜单进行煎炒烹炸，制作菜肴，可以冲茶、咖啡等工作，并完成烹饪区的清洁工作。自动拉面机器人、奥特曼刀削面机器人、煎肉饼机器人纷纷出现。优傲和如影智能共同推出了一款家用厨房机器人，如图 4-60 所示，该款产品主要配备了优傲的 UR3e 协作机器人，用户只需拆开食材的包装，放置在台面指定区域，该厨房机器人即可自主识别相应的食材进行夹取，并联动操控厨房电器，实现煎牛排等菜肴的全流程自主烹饪。

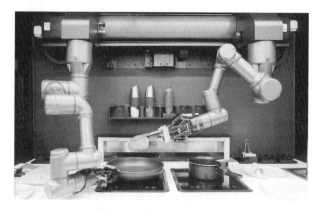

图 4-60　家用厨房机器人

4.5.6　家用教育机器人

随着科技的不断发展，人们的生活和教育方式也在逐渐发生着改变，如图 4-61 所示的家用教育机器人，集教材同步、早教机、远程看护、空气净化和专题辅导等功能于一体，为孩子提供了更多的学习和成长支持。智能机器人通过解析学习教材和题目，为孩子提供第一手的教育资源；父母们可以通过机器人的陪伴，对孩子的学习做出及时的反馈和指导，为孩子的学业发展提供有效的支持；另外还具备早教机的功能，通过生动有趣的互动，机器人能够帮助孩子学习新事物，并促进他们的逻辑思维和创造力发展；此外，这款机器人还能远程看护孩子，为家长提供便携高效的服务，帮助家长解决照顾孩子的难题；机器人还具备智能空气净化功能，能有效净化空气，防止孩子吸入有毒物质，确保孩子的健康和安全；智能机器人还能提供专题辅导服务，为孩子提供更加个性化、专业化的学习支持，它能够为孩子设计合适的学习计划，根据孩子的学习态度和行为，进行精准的调整和指导，从而提高孩子的学习兴趣和效率。

图 4-61　家用教育机器人

4.6　公共服务机器人

公共机器人是用于迎宾、接待、讲解等工作的智能型服务机器人，广泛应用于宾馆、企业展厅、银行、餐厅等场所，它可代替人工进行重复的接待、引导、讲解等工作，既解放人力资源，又为客户提供方便、快捷、高质量的服务。

4.6.1　迎宾接待机器人

迎宾机器人具有自主运动、信息发布、安全监控、才艺表演等功能，用户可以通过触摸屏、语音、遥控器、远程网络等渠道与机器人进行人机交互。机器人可以胜任迎宾导览、信息查询、人机互动等任务，可以应用于办事大厅、体育场馆、科技展馆、餐厅酒店等公共场所，同时也适用于主题展会、企业展厅等展览环境。

如图 4-62 所示的迎宾机器人，当宾客经过时，机器人会主动打招呼；此外机器人还能够在舞台和现场向宾客致辞；可表演唱歌、讲故事、背诗等才艺节目，同时机器人配备头部、眼部、嘴部、手臂动作，充分展示机器人的娱乐功能。

图 4-62　迎宾机器人

4.6.2　引导机器人

在机场、医院、银行等公共场所人员流动多的场合，引导机器人可以提供指路、业务咨询等烦琐工作。

如图 4-63 所示的高智能人机交互机器人，用于银行，集引导分流、业务介绍、金融知识普及等功能为一体。不仅能熟练准确地将客户引导分流，为其介绍银行各类业务，普及金融知识，还能与客户进行社交互动，为客户带来很多乐趣，同时让服务变得更简单、快捷，用以打造智能银行，提升客户体验。

如图 4-64 所示的导诊服务机器人，由硬件本体、机器人管理后台和 APP 软件三部

图 4-63　高智能人机交互机器人

图 4-64　导诊服务机器人

分构成，具备语音识别、人脸识别和自由行走等功能；利用语音交互方式可为体检者提供位置咨询、业务咨询、指标解读、宣教播报、信息查询等服务。该机器人具有互联网＋、人工智能技术，具备与体检者进行自然语音交流的能力，通过语音交互和证件识别可为体检者规划最优体检路径、分流并引导至不同功能点、解答各种常见问题、实现体检者自助信息查询等功能，减少医护人员对"我的体检流程是什么？""哪些检查项目需要空腹？""B超室怎么走？"等普遍性、重复性问题的人工投入，让体检者"少跑路"，让数据"多跑路"，最大限度缩短体检者非检查时间，全面提升体检效率和体检满意度。

4.6.3　讲解机器人

图 4-65　讲解机器人

讲解机器人主要用于展馆展示、企业迎宾、社区服务，充当礼仪迎宾人员。如图 4-65 所示的讲解机器人，其外形具有卡通人形特征，它的大臂和小臂可自由转动，完成摆手、握手等功能，能够实现机器人的前进、后退、左转和右转等动作；此外这款机器人与来访者可语音对话交流。机器人具备语音识别功能，现场宾客可使用麦克风向机器人提出众多问题，对话内容可以根据用户需要制定，机器人则用幽默的语言回答宾客提问。通过人机对话，即可把顾客需要的信息或活动内容充分展示出来，同时增加客户与机器人的参与性、娱乐性，产生良好的互动效果。

4.6.4　送餐机器人

餐饮业属于劳动密集型产业，一线员工依旧在从事着重复、机械的工作，对产业提供的附加价值低。送餐机器人正是助力餐饮业实现智能化升级的科技成果。

此外，在特殊时期，机器人的"无接触"式服务可以最大限度地减少风险，保障门店的日常经营和安全生产，同时打消顾客顾虑，让顾客安心进店就餐，送餐机器人是疫情下餐饮经营的一个新思路。另外，机器人服务员只专注一件事情——传菜，高效、专注的服务相比一般服务与过度热情，更受消费者青睐。

后厨通过 UI 触摸屏，可以便捷地选择给多张桌子配餐。餐食配送到桌子旁边，机器人会用语音引导，感应到客人取走餐食，立即前往下一个餐桌位置。此外，送餐机器人也可以用于餐具回收。顾客放下想回收的餐具，点击"立即出发"，它就动身回到厨房。如图 4-66 所示，搭载了普渡自主全自主定位导航技术的送餐机器人可实现复杂环境下长期稳定可靠运行，并且机器人运行时完全不会撞到人和障碍物。另外，机器人运行速度可以随意调节。

　　很多餐饮经营者或食客都对餐厅引入机器人而失去热情的服务有所担忧，事实上，送餐机器人也能提供热情服务。如图 4-67 所示的普渡全新猫形机器人"贝拉"采用了拟物化的设计语言和形象化的"喵星人"表情包，同时设计了有趣的交互系统。比如客户摸机器人耳朵的时候贝拉会调皮地说"好痒呀"，长时间的互动后它还能表现不耐烦的情绪，说了一句"你开心就好"。同时，贝拉的每层托盘都有灯带，不同送餐环节显示不同的灯效，工作状态有更清楚的显示。除了灯带外，"贝拉"的每层托盘上还增加了红外传感器，可自动识别菜品是否送到指定送餐位置，进一步方便服务员与机器人的协同。

图 4-66　送餐机器人

图 4-67　普渡全新猫形送餐机器人

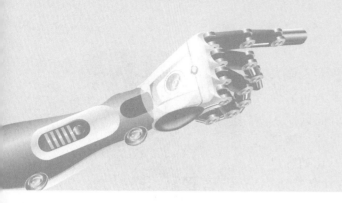

特种机器人主要是指应用在某些特殊环境中的机器人，包括水下探测、打捞、深海矿产资源开发等水下机器人，安保巡逻、缉私安检、反恐防暴、治安管控等安防机器人，消防救援、应急抢险、核工业操作等危险环境作业的机器人，战场运输、侦察等军用机器人，月球、火星探测器等太空探测机器人等。特种机器人在军事、安全、救援等领域发挥着越来越重要的作用。机器人技术的发展很重要的一部分就是应用于特殊环境中的特种机器人技术的研究。

5.1　水下机器人

水下机器人是一种工作于水下的极限作业机器人，诞生于 20 世纪 50 年代初期。由于深水下压力大、环境恶劣、危险，人的潜水深度有限，所以水下机器人已成为开发海洋的重要工具。近几十年，由于海洋开放和军事上的需要，同时由于所需的各种材料及技术问题得到了较好的解决，水下机器人得到了很大的发展，能在较大深度工作并具有多种作业功能的水下机器人应运而生，这些水下机器人可用于海上养殖、石油开采、海底矿藏勘测、救捞作业、管道和海底电缆铺设与检查，以及军事等领域。

5.1.1　载人潜水器

载人潜水器是指具有水下观察和作业能力的载人潜水装置，类似于潜水艇，主要用于执行水下考察、海底勘探、海底开发和打捞、救生等任务，并可以作为潜水人员水下活动的作业基地。

如图 5-1 所示的"蛟龙"号载人潜水器，是中国自主设计、自主集成研制的首台作业型深海载人潜水器。"蛟龙"号下潜深度大，可在占世界海洋面积 99.8％的广阔海域中使用，对于我国开发利用深海的资源有着重要的意义。

从 2009～2012 年，"蛟龙"号接连取得 1000 米级、3000 米级、5000 米级和 7000 米级海试成功，这反映了"蛟龙"号集成技术的成熟，标志着我国深海潜水器成为海洋科学考察的前沿与制高点之一。

图 5-1　"蛟龙"号载人潜水器

从 2013 年起，"蛟龙"号正式进入试验性应用阶段。2013 年 6 月 17 日 16 时 30 分左右，中国"蛟龙"号从南海某冷泉区海底回到母船甲板上，三名下潜人员出舱，"蛟龙"号首个试验性应用航次首次下潜任务顺利完成。2017 年，当地时间 6 月 13 日，"蛟龙"号顺利完成了大洋 38 航次第三航段最后一潜，标志着试验性应用航次全部下潜任务圆满完成。截至 2018 年 11 月，蛟龙号已成功下潜 158 次。

如图 5-2 所示为"深海勇士"号载人潜水器，是中国自主研发的第二台深海载人潜水器，它的作业能力达到水下 4500 米。潜水器取名"深海勇士"，寓意是希望凭借它的出色发挥，像勇士一样探索深海的奥秘。2017 年 10 月 3 日，"深海勇士"号载人潜水器深潜试验队在中国南海完成全部海上试验任务，胜利返航三亚港。2018 年 3 月 11日，"深海勇士"号载人潜水器首次对公众开放，播出了于 2017 年 8～10 月在南海进行首次载人深潜试验的纪录片。2023 年 5 月 20 日，国家文物局利用"深海勇士"号载人潜水器对南海西北陆坡一号沉船进行了第一次考古调查。

图 5-2　"深海勇士"号载人潜水器

如图 5-3 所示为"奋斗者"号载人潜水器，是中国研发的万米载人潜水器，于 2016年由以"蛟龙"号、"深海勇士"号载人潜水器的研发力量为主的科研团队开始研发。2020 年 6 月 19 日，中国万米载人潜水器正式命名为"奋斗者"号。

2020 年 10 月 27 日，"奋斗者"号在马里亚纳海沟成功下潜达到 10058 米，创造了中国载人深潜的新纪录；11 月 10 日 8 时 12 分，"奋斗者"号在马里亚纳海沟成功坐底，坐底深度 10909 米，刷新中国载人深潜的新纪录；11 月 13 日 8 时 04 分，"奋斗者"号载人潜水器在马里亚纳海沟再次成功下潜突破 10000 米；11 月 17 日 7 时 44 分，"奋斗者"号又一次下潜突破 10000 米；11 月 19 日，"奋斗者"号突破万米海深复核科考作业能力。2021 年 3 月 16 日，"奋斗者"号全海深载人潜水器在三亚正式交付；10 月"奋斗者"号已在马里亚纳海沟正式投入常规科考应用。

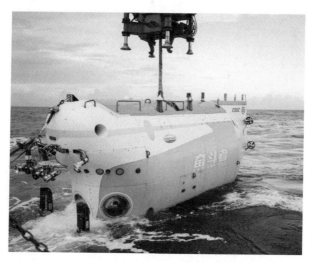

图 5-3　"奋斗者"号载人潜水器

5.1.2　遥控潜水器

遥控潜水器是一种可以遥控的、用于水下探测的潜水装置。1983 年，中国成功研制出第一艘无人有缆遥控潜水器"HR 01"型，如图 5-4 所示，其可潜 200 米深，具有水下观测、推进和通信系统及水上遥控、观测和操作系统，并有多关节主从式机械手操作系统、航行和姿态控制系统等，能连续在水下进行观测、取样、切割、焊接等作业，可用于海底科学考察、海上救捞，及江湖坝底、大桥桥墩和海上钻井平台水下部分结构的检查等方面的工作。

图 5-4　"HR 01"型遥控潜水器

"海斗一号"是中国科学院沈阳自动化研究所主持研制的作业型全海深自主遥控潜水器，如图 5-5 所示。"海斗一号"作为一款自主遥控无人潜水器，具有独特的"三合一"多模式操控和作业模式，同时具备多种类型潜水器的本领，能大范围自主巡航探测，该潜水器同时搭载高清摄像系统，能实现实时定点精细观测，可获取不同作业点的深渊海底地质环境、深渊底栖生物运动、海沟典型地质环境变化等影像资料。"海斗一号"在中国国内首次采用全海深高精度声学定位技术和机载多传感器信息融合技术，搭载的具有完全中国自主知识产权的七功能全海深电动机械手，能完成深渊海底样品抓取、沉积物取样、标志物布放、水样采集等科考作业。

图 5-5　"海斗一号"潜水器

"海斗一号"潜水器在无缆自主（autonomous underwater vehicle，AUV）模式下，可以在海底自由穿梭，实现大范围自主巡航观测；在遥控（remote operated vehicle，ROV）模式下，通过光纤微缆与母船连接，可在指定海底区域进行定点精细观测和机械手作业，可通过光纤微缆实现回传海底高清影像；在自主遥控混合（ARV）模式下，通过光纤与母船连接，既可以大范围自主巡航观测，又可以进行定点精细观测、采样作业和实时影像回传，观测与作业模式可以像"汽车换挡"一样灵活切换，更好地满足科学家们对于深渊科考的需求。

2020 年 4 月 23 日，"海斗一号"搭乘"探索一号"科考船奔赴马里亚纳海沟，成功完成了首次万米海试与试验性应用任务，最大下潜深度 10907 米，刷新当时中国潜水器最大下潜深度纪录，同时填补了中国万米作业型无人潜水器的空白。

为了满足深海探险者对海洋的好奇，西班牙 Nido Robotics 公司推出了一款消费级机器人 Sibiu Nano。如图 5-6 所示，这款遥控潜水机器人整体呈全开放模块化设计，很容易拆卸和组装，允许升级和附件添加，所有的导线都涂有一层搪瓷涂层，使其具有防水功能。另外，它的所有硬件和软件都是开源的。

Sibiu Nano 潜水机器人装有 6 个推进器作为水下动力，还装了 1 个 1080 像素、30帧/秒高清摄像头用于水下拍摄。如果在潜水过深、环境比较暗的情况下，可以另外安装 1～2 个 1500 流明的潜水灯，在暗处也能看清环境。其可更换的锂电池每次充电后可持续使用 1～3 小时。Sibiu Nano 潜水机器人配有一根长度 50 米以上的线缆，将视频传输到笔记本电脑上，理论上线缆的最大长度是 2000 米，其设计团队测试了 300 米，还

图 5-6　Sibiu Nano 潜水机器人

有用户试过了 700 米，视频传输都没有问题。最大操作深度 100 米，除此之外，在发生故障或电池电量耗尽的情况下，还能直接用线缆拉回。Sibiu Nano 潜水机器人定位于水下机器人爱好者，是用于探索湖泊和海洋的绝佳工具，还可以做一些简单水下检测业务。

5.1.3　自主潜水器

无缆水下机器人（autonomous underwater vehicle，AUV）习惯称为自主潜水器，是一种可以在水下自主游动的机器人，它不需要依靠电缆或其他形式的外部电源来提供动力。无缆水下机器人具有更高的自主性，可以更自由地、更快地移动和探索水下环境，工作效率更高，从而更快、更好地完成各种任务。

此外，由于无缆水下机器人可以在水下自主游动，因此可以应用于更广泛的领域，如海洋科学研究、海洋工程、海洋资源开发等。

中国科学院沈阳自动化研究所于 1994 年研制的"探索者"号潜水器是我国第一台无缆水下机器人。如图 5-7 所示，它的工作深度达到了 1000 米。它集搜索和调查于一体，采用国产充油铅酸电池为动力，活动范围可达 12 海里（1 海里＝1.852 千米）。它在水下工程、海洋石油以及海底矿藏资源开发、海洋科学考察等方面具有广阔应用前景。

图 5-7　"探索者"号潜水器

"星海 1000"号极地探测无人潜水器是由哈尔滨工程大学研发的自主潜水器，如图 5-8 所示，其上搭载了哈尔滨工程大学水声学院自主研发的多波束冰形探测声纳。

2023 年，"星海 1000"号随着"雪龙 2"号极地科考破冰船完成了我国首次北极海冰冰底形态观测试验。"星海 1000"号共探测冰下冰形冰貌约 7000 平方米，获取了 4 个点位冰水界面海水流速流向信息，获取了楚科奇海附近水域 5 个剖面冰下海洋海水温

图 5-8　"星海 1000"号自主潜水器

度、盐度、叶绿素、溶解氧、浊度、pH 值等关键海洋参数信息，丰富了北极海洋信息数据库，有助于进一步了解该区域海冰和洋流变化过程，为有效应对全球气候变化对我国的影响提供数据支撑。

如图 5-9 所示的是中国科学院沈阳自动化研究所研制的"探索 1000"自主水下机器人，随"雪龙"号极地考察船完成了中国第 36 次南极科考。

图 5-9　"探索 1000"自主水下机器人

"探索 1000"自主水下机器人按照计划完成自主执行多海洋要素走航观测后被成功回收至"雪龙"号极地考察船。本次作业中，"探索 1000"自主水下机器人水下连续工作 35 小时，航程约 68 千米，完成了 17 个剖面的科学观测，获得了海流、温度、盐度、浊度、溶解氧及叶绿素等大量水文探测数据，验证了我国自主水下机器人在极端海洋环境下开展科学探测的实用性和可靠性，为极地冰盖冰架下科学研究取得突破进展提供了重要手段。

此航次是"探索 1000"自主水下机器人继参加中国第 35 次南极科学考察后第二次挺进南大洋，也是其在完成多项关键技术升级后的首次大洋应用，为考察队执行罗斯海多环境要素综合调查提供了技术支撑。

如图 5-10 所示的"潜龙三号"是一台 4500 米级自主潜水器，其具备微地貌测深侧扫声纳成图、温盐深剖面探测、甲烷探测、浊度探测、氧化还原电位探测、深海照相以及磁力探测等热液异常探测功能，以完成大洋海底多金属硫化物资源调查任务为主要目标。"潜龙三号"重约 1.5 吨，长约 3.6 米，整体造型像一条萌萌的小丑鱼，其头部为声纳探测器，中间鱼鳍可以转换方向，尾部是磁力探测系统。

图 5-10　"潜龙三号"自主潜水器

　　"潜龙三号"自主潜水器在试验性应用阶段对作业模式有了新突破，创建了单潜次从多金属结核试采区长途跋涉几十千米到环境参照区的跨区域作业模式，节省了船时，提高了探测效率；此外，"潜龙三号"自主潜水器在整个航段中展现了出色的稳定性和可靠性，最大续航力创深海自主潜水器单潜次航程新纪录，总航程 156.82 千米，航行时间 42.8 小时，满足续航力 30 小时技术指标要求，大大提高了单潜次试验探测面积；"潜龙三号"自主潜水器最大速度达到 3 节❶，满足最大速度 2.5 节技术指标要求，进一步提高了潜水器抗流能力；该潜水器试验全程工作稳定、可靠，4 个潜次试验成功率达100%，提高了试验探测效率，是中国"蛟龙探海"计划潜龙系列发展的又一个里程碑，为中国"深海进入、深海探测、深海开发"增添了利器。

5.2　安防机器人

　　安防机器人，又称安保机器人，是一种半自主、自主或者在人类完全控制下协助人类完成安全防护工作的机器人。安防机器人以实际生产生活需要为服务领域，用于解决安全隐患、巡逻监控及灾情预警等，从而减少安全事故的发生，减少生命财产损失，保证人民群众安全。

　　近几十年来，随着社会的不断进步和人们生活水平的不断提高，民众的安防意识开始不断增强，对于保障人身财产安全的需求也愈加迫切，现代安防行业由此而生。随着科技的不断发展，安防设备也更趋智能化。作为安防行业高端智能化产品，安防机器人近年逐渐进入人们的视野，并受到密切关注。

5.2.1　安检机器人

　　安检机器人综合检测、侦察、排爆等功能，在仓库、机场、公交、港口、各种军事

---

❶ 1 节＝1.852 千米/小时，下同。

基地及大型活动场所中大显身手。根据功能不同，安检机器人分为三类。

① 安全警示检测类：安检系统、人脸识别系统、超市出口的防盗报警系统都属于此类。

② 流量监控类：车流自动检测系统，每个城市出入道上的车流监控录像系统；行人流量自动检测系统，大型城市步行街等主要街道、重点景区的行人流量检测系统；信号灯自动检测系统等都属于此类。

③ 其他生活类：小区出入管理检测系统等。

在全球经济链中，海港、陆路边境口岸承担着至关重要的角色，每天都有大量的货物周转在全球的各个海港、陆路边境口岸之间。随着贸易量的持续增长，检查藏匿在货物中的违禁品或者危险品一直困扰着相关的安全部门。近年，同方威视推出了各种机器人安检的整体解决方案，自主研制的货物/车辆检查、车底检查、辅助查验、行包搬运和智能巡检机器人等产品，可广泛应用于口岸查验、安全检查、民航核电等场景，助力智慧安检的实现。

在忙碌的海港上，一个个集装箱被塔吊有条不紊地安放在指定的位置，进而码放成耸立的集装箱群。而集装箱群和集装箱群之间，一个高 6 米、宽 7 米的工字形机器人，如图 5-11 所示，正在自动"巡视"地面上一个个排好了队等待查验的集装箱。这是同方威视推出的一款货物检查机器人，这款机器人基于 ROS 机器人操作系统开发，被赋予了更多的智能化能力，比如全面的环境感知能力，主动寻找、主动定位、主动扫描的决策能力。而从产品形态上，机器人可变形结构和智能驱动技术、多种导航技术的融合，使产品彻底摆脱了场地和轨

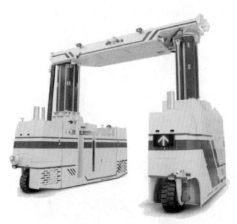

图 5-11　货物检查机器人

道的束缚，可实现快速部署及转场。在海港码头，它仿佛一个带着透视眼的巡检员，用巨大的臂架扫过每一个集装箱。遇到有问题的，便马上退回再仔细"打量"一遍。扫过一排后，它会驱动轮子，承载着二十几吨的金属躯体，自动驶向另一排待检的集装箱或者码头的另一个目的地完成下一个任务。

当遇到某个集装箱内部有问题需要开箱进一步查验时，该集装箱将被自动运到开箱查验区。在那里，一个"身体"方正、可以在开箱查验区来回穿梭的辅助查验机器人，如图 5-12 所示，将会用其纤细"脖子"上两个圆圆的"大眼睛"核对集装箱箱号和封签号。过一会儿，它还会按查验流程要求协助查验人员进行货物开箱查验。

如图 5-13 所示为同方威视推出的车底检查机器人，基于多传感器融合、导航纠偏技术，可实现超长车、多车连续检查；而且可以一键启动，自动完成整个查验过程，车底查验效能得到极大提升；此外，车底检查机器人具有机动便携、无须司机配合、无须配套设施、一键查验、车辆自动识别、整幅车底图像高清显示、嫌疑位置定点观察等特点与功能。适用于海关边防、民用航空、公安卡口、重要会议安保等场所的临时性或短期的车辆布控检查。

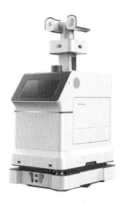

图 5-12　海关辅助查验机器人

图 5-13　车底检查机器人

如图 5-14 所示的是综合管廊智能巡检机器人，由四川嘿哎科技有限公司制造，采用了轮式底盘和模块化设计，可在最窄 75 厘米且两边设备较多的空间里自主行走，底盘上搭载的多种摄像头、传感器模块，可 7×24 小时不间断地对综合管廊主体结构、廊内温湿度、有毒有害气体、管廊消防系统、通风系统、排水系统、监控系统、照明系统等设备设施进行反复巡检，实现了对综合管廊内部环境及设备运行数据的实时采集、存储及分析，并会对异常状况发出预警、报警提示，便于工作人员手动指挥机器人到达事故现场进行勘查。

图 5-14　综合管廊智能巡检机器人

通过提前对检查点进行规划，综合管廊智能巡检机器人可依据 SLAM 技术自主定位并构建地图信息，同时通过惯性导航和视觉导航技术加以辅助，实现实时扫描及定位矫正。这种综合导航方式可以使综合管廊智能巡检机器人顺利通过狭窄路段和特定区域，如防火门等。

综合管廊智能巡检机器人配备了高清工作相机、红外热成像仪、温湿度传感器、气体传感器、快速充电模块等多种模块化设备，可根据具体巡检的管廊设备灵活调整和部署。

据了解，目前该巡检机器人的续航能力已经达到了 5 小时，可完成 10 千米左右的巡检任务，且正确率符合人工判定标准。

为了能够更好地挖掘数据价值，嘿哎科技有限公司研发了与巡检机器人配套的数据分析平台。通过对巡检结果进行分析，该平台可以预测设备的运行状态，并计算耗材的损耗程度和速率，帮助技术人员及时储备相关配件，做到管线预保养、预维护。

如图 5-15 所示为 YUHESEN——电力巡检机器人，集自主导航、数据采集、计算处理、报警提醒以及在线进行监测等多功能为一体，能代替人工完成电气设备外观检查、表计读取、红外测温、声音检测、环境温湿度、环境气体和烟雾含量检测、操作监控等巡检工作，实现全天候、全方位、全自主智能巡检和监控，是一个具有低功耗、高精度和自支持能力的巡检系统。

图 5-15　YUHESEN——电力巡检机器人

　　在变电站内，变电设备数量、种类繁多，包括变压器、断路器、隔离开关、负荷开关、高压熔断器、避雷器、电压互感器、电流互感器、仪表、继电保护装置、防雷保护装置、调度通信装置、无功补偿设备、接地装置以及各种母线、刀开关等。变电站设备运行状态检修是保证这些设备安全稳定运行的重要技术手段，根据设备运行状态，对设备健康状况和故障发展趋势做出评估，同时制定合理可靠的维护、检修策略，避免保修不足、盲目维修的问题。为提高变电站巡检的工作效率，保证变电站的安全可靠，推进变电站无人化的进程，使用变电站自动巡检机器人部分替代人工巡检已经成为一种趋势。

　　变电站自动巡检机器人如图 5-16 所示，是集机器人技术、远程控制技术、多传感

图 5-16　变电站自动巡检机器人

器信息融合技术、导航定位技术、图像识别技术、红外检测技术、视频采集技术等为一体的智能机器人，具备自主充电、设备非接触检测、故障报警、远程监控等功能。

在变电站内，变电站自动巡检机器人根据接收到的指令，以自主或遥控的方式对变电设备进行检测，利用红外热像仪对变电站内电气设备、设备连接处和电力线路等进行红外检测，使用可见光摄像机对变电设备外观是否异常和线路是否悬挂异物等进行视频图像检测，利用拾音器采集运行设备的声音，并通过分析声音是否异常判断设备运行状态。运行操作人员只需在控制室/监控中心通过计算机接收到的实时红外数据、视频图像等信息进行处理分析，即可完成变电站的巡检工作。就目前来说，变电站自动巡检机器人在很大程度上可以代替人工完成变电站的巡检任务。

目前变电站自动巡检机器人所承载的设备检测功能主要是视频监控和红外测温这两个部分，而在对运行设备异常声音和气味信息的采集及其分析判断方面的研究还有待进一步完善。只有从视觉、触觉、听觉和嗅觉等各个方面智能地巡检变电站设备，才能进一步有效提高巡检质量。也就是说，仿人形变电站自动巡检机器人的研制是该领域的下一步工作，这样才能真正提高变电站巡检工作的智能化水平。

地铁边检机器人的外观设计如图 5-17 所示，曾经在 2018 年工业设计大展和深圳湾海关都曾出现过它的身影。它头戴警帽，造型酷似人民警察，其采用先进的人工智能技术，有视频摄像头、语音模块、雷达探测、红外感应等多种传感器"傍身"。地铁边检机器人具备智能 AI 语音交互功能，支持多种语言，具有回声消除、消音降噪的功能，可以和人们进行无障碍交流；身上有一块大的液晶显示屏可以供人们浏览信息或者进行咨询；还具有自助导航的功能，位置精准，可以通过语音交流的方式让边检机器人引路；当电量不足的时候边检机器人可以自动回到充电桩进行充电。

它不仅可以帮助边检人员维护秩序，还可以为人们提供购票引导、周边文化讲解、语音乘务咨询、免费打印照片、安全出行播报、交通信息展示等多元化、人性化服务，让人们的出行与生活更加便利。边检机器人设计具有良好的环境适应性，可以应用于地铁站、火车站、机场等场所。

图 5-17　地铁边检机器人

5.2.2　巡逻机器人

巡逻机器人可通过遥控或自主方式执行巡视任务，具有全方位音视频监控能力，并可进行智能分析，发现异常及时通知后台人员，是安保工作人员的最佳搭档。可广泛应用于园区、公安系统、危化企业、核电站、变电站等场所。

巡逻机器人一般配备激光扫描仪、摄像机、麦克风，有的还配有气味传感器，具有自主巡航功能，按规定的路线进行巡逻，并在遇到障碍物时自动避让；通过图像识别技术，对特定目标进行智能识别和监测；可以实时传输图像和数据，为安保人员提供及时的现场信息。此外，巡逻机器人还具有语言交流功能，可以和人进行简单的交流沟通。

巡逻机器人可以低速无人驾驶，不仅能在夜间和恶劣天气中实现 24 小时室外巡防，而且能在服务大厅实现拟人化互动，自主回答用户咨询等，具备全方位功能，可以提供更高的安全保障，给人类日常生活带来更多的便利。

如图 5-18 所示的巡逻机器人在广州南站一楼站内进行高效巡逻，这款机器人具备先进的智能识别和自主导航功能，它拥有 6 条定制的巡逻路线，覆盖站内巡逻、重点区域巡逻和换乘区巡逻等多个区域，确保全方位、无死角地监控车站情况。除了常规的巡逻任务外，巡逻机器人还具备多种实用功能。它可以通过语音播报系统向旅客传递安全信息和文明出行提示，及时提醒旅客注意人身财产安全。同时，机器人配备的高清摄像头可以进行实时视频巡查，帮助警方及时发现异常情况。

图 5-18　巡逻机器人

自从投入使用以来，这款警用巡逻机器人已成功协助警方查获 36 名违法行为人，并为 200 余名旅客提供了及时的帮助。

新加坡的一款智能机器人可协助维护公共安全，如图 5-19 所示，这款机器人名为 Xavier，由 HTX 和美国科学技术研究机构"联合开发"，配备了用于自主导航的传感器

（可实时向指挥和控制中心提供 360 度视频反馈、传感和分析）和交互式仪表盘。相关单位可以从多个机器人那里接收实时信息，并能够同时监视和控制多个机器人，具有高度的通用性，可以为不同领域和操作环境的广泛应用进行定制。

图 5-19　Xavier 巡逻机器人

机器人 Xavier 能检测各种"不良社会行为"，包括在禁止区域吸烟、非法贩卖、不当停放自行车，以及在人行道上使用主动移动设备和摩托车等。如果发现其中一种行为，Xavier 将向指挥和控制中心发出实时警报，同时显示适当的信息来教育公众并阻止此类行为。

2020 年 10 月 14 日，浙江省金华市区西关街道某小区内，一台正在巡逻的"机器人保安"吸引了居民们好奇的目光，如图 5-20 所示。据介绍，这是第一代智能安保巡逻机器人，该机器人的头部配备了广角摄像头，能够对周边环境进行 360 度全方位实时监测。该机器人还携带多种环境监测传感器，可对小区的卫生、机动车占用消防通道等

图 5-20　第一代智能安保巡逻机器人

情况进行实时预警。

如图 5-21 所示是第三代智能安保巡逻机器人，其具备高精度的自主导航系统，可进行自主路径规划，在移动过程中可进行自主避障及停障，且具备低电量自主充电功能。机器人配置了高清摄像头，具有环境温度检测、人体测温、人脸识别、360 度视频监控、指定范围内警戒功能，后台可通过前端摄像头观察机器人周围的情景。该机器人拥有长达 8 小时的满负荷运行能力，拥有实时环境检测能力，可对环境中的温湿度及可燃气体、有毒气体进行监测并预警，前端配置了高音喇叭及麦克风阵列，可进行前后端的语音对讲。该巡逻机器人可广泛应用于智慧城市、居民社区、商业广场、工业园区、边境口岸、机场和火车等场所，有效弥补安保人力不足，提高安保工作效率。

图 5-21　第三代智能安保巡逻机器人

5.2.3　排爆机器人

排爆机器人是可以代替排爆人员对爆炸装置或者武器实施侦察、转移、拆解和销毁的好帮手。排爆机器人主体采用履带式、轮式或者两者结合的车型结构，使用无线电或光纤遥控，装配多台彩色 CCD 摄像机和一个多自由度的机械手。排爆机器人还可以根据任务需要携带或安装爆炸物拆解器、小型武器、X 射线检测仪及热成像系统等，为方便在工作时与操控人员互联互通，它们一般配有彩色摄像机、录放机和双向对讲机。随着科技发展和实战需要，排爆机器人正向多功能化和智能化方向发展。

JP-REOD400 排爆机器人如图 5-22 所示，是我国自行研制生产的集侦察、转移、处置为一体的小型排爆机器人，这种机器人体积小巧，质量仅 37 千克，但其作业能力已达到中型排爆机器人的标准，其机械臂能够在八自由度、0～360 度范围内旋转，标准长度 1.7 米，加延伸关节 2.4 米，机械臂最大夹持力大于 300 牛，最大抓取质量高达 16 千克，机械臂前后两端都有机械爪，可以更换 18 种扩展工具。

该机器人收起时尺寸为 0.83 米×0.6 米×0.46 米，采用双摆臂履带底盘设计，最高速度超过 1.7 米/秒，机动性能相当强悍，垂直越障高度 400 毫米，越沟宽度 400 毫米，最大爬坡角度为 50 度，可在草地、冰雪地、碎石、沙土、泥泞地面以及涉水作业等多种复杂地形环境下执行作业任务，可持续工作 3～5 小时，待机续航 8～10 小时。

图 5-22　JP-REOD400 排爆机器人

该机器人安装有 7 个摄像头，红外夜视距离大于 30 米，可有线或无线控制，有线控制 100 米，无线遥控 600 米，其机械爪能够实现开车门动作，遥控操作相当简便。

如图 5-23 所示的 ER3 全地形排爆机器人改变了传统机器人仅能抓取的弊端，大胆地将 X 射线透视、销毁集成到机器人本体上，实现了 X 射线检查、抓取、销毁一体化集成排爆作业，大大方便了现场人员处置；机器人配备 360 度全景影像系统，360 度监控无死角，用全景软件将 4 路摄像机图像拼接成全景，便于操作者控制机器人；系统采用前后 4 摆臂＋履带＋轮胎的结构形式，2×2 轮胎可以有效提高前进速度，履带和摆臂适合复杂地形，可以提高越障性能；机械臂能实现六个自由度旋转，并配备爆炸物销毁器、瞄准器，能现场对爆炸物进行摧毁。

如图 5-24 所示重型排爆机器人，排爆机械手能实现任意角度旋转，最大可将 55 千克的重物提升 1 米并转移，还可与销毁器、爆炸物的远程引爆控制系统等配件一同使用。

图 5-23　ER3 全地形排爆机器人

图 5-24　重型排爆机器人

重型排爆机器人在运输状态时从车上取下，可在 20 分钟内进入战斗状态，开始操作；机械臂可以快速打开进入抓取状态，快速收取进入运输状态；机械臂上有六个自由度，灵巧的手臂保证了完成任务的成功率，缩短了操作时间。该机器人可在－20～50摄氏度的环境温度内，连续工作 3 小时，更换电池后可再次连续工作 3 小时，车体和遥控箱支持快速更换备用电池；可攀爬 30 度斜坡、30 度楼梯、30 厘米垂直障碍、50 厘米宽度壕沟，可在比较复杂的环境内进行操作；在水平路面上可最大负载 55 千克重物行走；具有智能保护功能，以防止自身受到巨大的伤害。重型排爆机器人采用直观的视频操作方式，12 英寸（1 英寸＝2.54 厘米）显示屏，6 路标清 720 像素摄像头和 1 路 20倍变焦 1080 像素高清摄像头，支持摄像头单独抓拍、录像、回放功能；便携式的操控单元，超 500 米距离操控机器人，支持 800 兆赫、1.4 千兆赫双频段快速切换通信；同时提供有线 200 米光纤，满足在无线通信效果差的环境中操控机器人，并且支持添加 1路基站通信，形成机器人端-基站-遥控箱 3 点通信，满足通信距离超过 1000 米（可视距离）；采用前后四摆臂＋履带的结构形式，可以提高越障性能，适合复杂地形。

5.2.4　管控机器人

对于设备机房、信息机房、配电室、主控室、数据中心这类室内场景，巡检规模、复杂度日益增长，人工巡检每次都需要耗费不少工时，且在这重复性的工作中，懈怠心理难免作祟，错检、漏检等问题时有发生，这无疑增加了设备运行的隐患。如图 5-25所示的巡检管控机器人，拥有机器视觉、图像识别、激光导航等多项技能傍身，可轻松上阵，既可以监测温湿度、粉尘、噪声等环境指标，识别仪表盘数据，又能对各项数据进行分析判断并报警，实现对室内设备 24 小时、高频率、全方位巡检覆盖，极大限度地解放了人力并降低了人工运维成本。它那两个大大的"眼睛"可不是摆设，搭载红外摄像头、可见光摄像头，能有效地识别人脸、异物、车辆等，实时拍摄周边环境信息并传送至后台。当检测到异常情况时，例如火灾，便能及时发出警报，帮助工作人员快速响应。当检测到障碍物时，便会启动停止或者避障模式，即停在原位远程报警或自主规划路线，从而继续执行任务。

图 5-25　巡检管控机器人

不只是园区，这种巡检管控机器人也能胜任厂房、车站、机场、社区等场景下的安防巡逻，远程紧急指挥工作，帮助解决招工难、管理难、运营成本高等一系列难题。

如图 5-26 所示的风险管控机器人被称为"工厂安全服务机器人"，基于波士顿动力公司设计的著名机器人"Spot"改造而来。该机器人配备了热像仪和 3D 激光雷达，能够检测周围的人，可以监控高温情况和潜在的火灾隐患，并感知门是打开还是关闭。此外，机器人可以通过安全网页进行远程控制，该网页提供其动作的实时流。它具有先进的导航技术，可以实现在狭窄的空间中导航，使其能够沿着工业场地内的指定区域自主移动，可以实时检测危险并向管理人员发送警报。

图 5-26　风险管控机器人

5.3　危险环境作业机器人

随着科技的进步，机器人能够执行越来越复杂的任务，在危险环境中代替人冒险执行一些危险任务，并引起了广泛的关注，机器人在危险环境中的应用也成为科技研究的重点之一。在极端温度环境中，在广域搜索和救援任务中，在核辐射环境中，在人类难以到达的地方等，都可以看到机器人的身影。

5.3.1　消防机器人

在极端高温环境下或者是有毒、易燃、易爆火灾事故救援中，特别是在危险化学品燃烧、爆炸等事故救援中，应用消防机器人可以显著提高救援效率、有效减少人员伤亡。消防机器人能够代替消防员进入有毒、浓烟、高温、缺氧等高危险性现场，完成侦察检验、排烟降温、搜索救人、灭火控制等任务，以及协助消防人员完成事故现场的数据采集、处理和反馈，在灭火抢险救援中发挥着举足轻重的作用。消防机器人的应用将提高消防部队扑灭特大恶性火灾的实战能力，为减少国家财产损失和人员伤亡发挥重要的作用。

　　消防机器人"家族"有：用于火灾扑救的消防灭火机器人，用于灭火侦察的防爆消防灭火侦察机器人，将排烟、灭火、送风、降温、除尘、环境侦测、图像采集于一体的消防排烟灭火机器人，适用于石化、燃气储罐等场所的防爆消防高倍数泡沫灭火侦察机器人等成员。

　　如图 5-27 所示为义乌市消防救援支队某中队的消防指战员在遥控"水娃机器人"喷射水雾、送风。"水娃机器人"学名为"战斧"消防灭火排烟机器人，长 3.1 米，宽 1.8 米，高 2.1 米，重达 3820 千克，集清障、排烟、灭火等功能于一体。

　　"水娃机器人"具有履带底盘，车身前端有一把铲刀，用以清扫障碍，机器人的"嘴巴"则是一个大型圆筒，能升高到 4 米，运行起来，明显感受到一股巨大的风力，排烟管连接到"嘴巴"上，可以排烟到 100 米以外的距离。机器人身后有 4 个接水口，连接水带后，"嘴巴"便会喷射直流水和水雾用以扑灭火灾，直流水最大射程可达到 80 米。

图 5-27　"水娃机器人"

　　"水娃机器人"通过操作遥控器能单兵作战，深入 300 米范围内火场，借助摄像头将实时图像信号传回，帮助寻找起火点，并喷水灭火，为火场扑救节省人力和时间。它主要运用于石油化工、隧道、厂房等地的火灾扑灭。

　　欧洲地面机器人公司（Milrem Robotics）和创新泡沫灭火技术公司（InnoVfoam）联手打造了一个全新的模块化消防机器人家族，能够在危险和极端恶劣的环境中协助甚至取代消防员，实现远程救火。如图 5-28 所示的模块化消防机器人除了有着最大有效载荷 1200 千克、拉力 21000 牛外，还整合了 InnoVfoam 公司的消防系统，如泡沫、水箱、重型消防水管、泡沫配比器等。

　　该消防机器人可以由消防员远程控制，并携带热成像、红外成像以及气体和化学传感器等火灾监视设备以判断火情。当出现极度危险的火灾时，这些设施不仅能进行安全监视，更能避免对消防员造成伤亡。另外由于火灾监测设备与导航摄像头是分开的，所以在检测和判断火势的同时并不耽误机器人的移动。

　　目前这个消防机器人可安装三种模块，第一种是配备了重型消防水管的模块。救火前最耗费体力和时间的就是铺设水管，而有了这个救援机器人后，至少能节省 19 分钟

图 5-28　模块化消防机器人

的时间。第二种是装备了消防泡沫液和水炮的模块。有了这些利器后，它就可以自行进入化工厂等一些消防员无法到达的危险地带，找到火源后迅速进行灭火。在灭火时，借助尾部的四条加压水管，它能以 2 万升/分的速度喷出水和泡沫，可谓十分暴力。第三种就是运输模式，这种模式可根据火灾等的实际需要装载一些重要物资和设备。有了它，救火队伍就能用更少的人力来打包运输装备，从而使更多的消防人员能够快速投入火场，大大提高了救火效率。

　　如图 5-29 所示的智能消防机器人全名叫防爆消防灭火侦察机器人，外形像坦克，它采用履带式机器人平台，由机器人本体、消防水炮、监控云台及控制箱四部分构成。防爆消防灭火侦察机器人牵引力大，能够负重 300 千克，在平路时，可以承载两个成年人，能够对火场内被困人员实施救援，也能拖动两条 60 米长、充满水的水带行走，喷水射程达 80 米。消防员遥控防爆消防灭火侦察机器人进入危险火场，为消防员的安全提供更大的保障。

图 5-29　防爆消防灭火侦察机器人

　　随着各种大型城市综合体、石化企业、隧道、地铁的不断增多，油品燃气、毒气泄漏爆炸，隧道、地铁坍塌等灾害隐患也不断增加。消防灭火机器人正在代替消防救援人员进入易燃易爆、有毒、缺氧、浓烟等危险灾害事故现场进行火场侦察、化学危险品探测、灭火、冷却、搬移物品、堵漏等作业，保障了消防员的安全，提升了抢险救灾的能力。

5.3.2　应急救援机器人

机器人的快速响应和准确的反应速度为其成功执行广域搜索和救援任务奠定了基础。例如，在发生地震和其他自然灾害时，机器人可以承担协助搜救、侦察、监测和通信等方面的任务。此外，在战争和矿井事故中，也可以使用机器人执行这些任务。机器人在大规模搜索和救援任务中的应用可以大大减少人员的风险，提高任务执行的效率和准确性。

当发生城市特大火灾、石化工厂火灾、汽车火灾时，常常会发生二次爆炸，无论是被困人员还是救援人员都非常危险；另外，往往由于建筑物防盗窗、倒塌的柱子等障碍物阻碍受困人员逃生，救援人员进入火场破拆营救既非常危险又费时费力，这时就需要应急救援机器人的支援。

"双动力双臂手智能型系列化大型救援机器人"是由江苏八达重工牵头承担的国家"十二五"科技支撑计划项目重点攻关、研制的系列化产品，油电"双动力"交换驱动、双臂双手协调作业，分别有轮胎式、履带式和轮履复合型底盘形式，可根据救援现场需要，快速更换不同作业功能的大型智能抢险救援装备，并完成生命探测和图像传输。双动力双臂手大型救援机器人的研制、优化改进工作历时六年，拥有 32 项国内外专利技术，形成了 30 吨、40 吨、60 吨三个不同规格型号。其中 30 吨型的产品经过长达 1000 小时的实际救援实验，在坍塌废墟完成了剪切、破碎、切割、扩张、抓取等 10 项抢险任务作业。

如图 5-30 所示的是 BDJY42 型双臂轮履复合式救援机器人，其自重 42 吨，双手协调作业最大可提起 8 吨重物，全身共有 26 个控制动作，可以根据不同的地面状况，选

图 5-30　BDJY42 型双臂轮履复合式救援机器人

择轮胎或履带切换行驶，既可以在司机室内控制升降，也可以走出控制室，以无线遥控操作双臂手实施救援作业，不同功能的机械手由司机一个人便可实现快换。该机器人是目前世界上投入实际地震、滑坡等救援作业的最大型救援机器人。因在雅安地震中，出色完成了精细化分解、剥离残垣断壁等任务，被网友戏称为"麻辣小龙虾"。

　　消防救援环境复杂，潜在危险极多，高温、坍塌、爆炸、有毒气体等危险情况时有发生，这无一不是对生命的考验。因此提前探明救援现场的实际环境和险情至关重要。如图 5-31 所示的地铁应急救援侦察机器人具备侦察监控、定点扫描、图像对比、环境监测、自主导航、险情预警、北斗定位、自动充电、自动避障、脱离保护、定时巡检、红外成像、语音对讲、定位精准和自主学习的能力，机器人采用激光导航与北斗导航相结合方式，全天候自主巡逻，在地铁隧道内进行巡检、数据采集，利用热成像和高清摄像机技术，可及时发现危险气体、温度异常，自动分析、记录、储存隧道内环境信息数据，记录的数据通过无线基站上传至监控室。

图 5-31　地铁应急救援侦察机器人

　　应急救援四足机器人比传统的履带式或轮式机器人具有更好的适应复杂环境的能力、更轻的重量、更低的生产成本，在消防救援方面的优势更加明显，是消防侦察和应急救援的最佳选择。如图 5-32 所示是宇树科技公司自研的消防应急救援四足机器人，

图 5-32　消防应急救援四足机器人

具有优异的运动性能和超高防护等级，可代替消防救援人员提前进入易燃易爆、有毒、缺氧、浓烟等危险灾害事故现场，进行环境侦察，现场指挥人员可以根据其反馈的结果，及时了解灾情的实际情况，并做出正确、合理的决策，从而有效地降低救援人员受伤风险，提高救援效率。

消防应急救援四足机器人搭载360度全景相机，智能传输现场图像，便于指挥人员实时监控灾害环境，提前探知危险因素；能轻松跨越障碍物、楼梯以及斜坡，在复杂的地形中行走自如，可深入各种灾害环境全范围作战；搭载3D激光雷达，可扫描立体空间，实时构建三维勘探地图，完成路径规划、自主避障等任务，还可实时反馈楼宇立体结构，有利于规避坍塌等风险；搭载自组网、5G双网双备份模组和双向通信模块，可实现远距离操控和实时图传，通过拾音器和扩音器实时采集现场声音，与伤员进行远程救援通话；搭载气体传感器，能快速对9项空气污染物浓度数据及分布情况进行精准识别与反馈，还可在有毒、缺氧、浓烟等恶劣环境下，灵活开展搜救、侦察工作，有效保护救援人员的安全；搭载热成像双光谱云台，可精准探测被困人员的生命体征，可穿透迷雾追踪热源，捕捉被探测者的人体信号，确保第一时间完成救援。

如图5-33所示为XSR180M多功能排爆破拆救援机器人，集机动性、防护性、多功能特点于一身，可在距离操作者2000米外进行作业，车体安装可折叠的液压机械扫雷臂，可选配旋刀辊、滚筒、夹钳、推铲、扫雷链锤、后叉臂和铲斗等多种机具，适用于破拆救援、路障清理、挖掘作业、反恐维稳、军事扫雷、爆炸物排除、开辟通道和侦察监视等多项任务。XSR180M机器人具有强劲的清障能力，带液压剪推铲最大推力4吨，举升能力1.5吨，可快速高效清除各种障碍物；车体结构有超强防护能力；左右履带采用独立的液压马达驱动，可以实现原地转向功能，用指尖轻松拨动摇杆即可实现原地转向；采用低重心履带式底盘设计，整车最大爬坡度大于35度，侧向30度坡道可行驶；自带减重功能，可降低工具对地面的压力，这种模式对在软土上作业非常有用。

图5-33　XSR180M多功能排爆破拆救援机器人

5.3.3　海洋捕捞机器人

我国海洋水产养殖业的规模不断扩大，但是潜水员捕捞人力成本高，每次只能作业20～30分钟，加上冬季天气寒冷、海况恶劣，水下工作环境相对危险。而海洋捕捞机器人不仅可以降低捕捞成本、提高捕捞效率及安全性，而且能够减少对海底生态环境的破坏，有利于海洋生物养殖业可持续发展。

海洋捕捞机器人对目标抓取的实现难度较大，涉及机器视觉、控制科学、流体力学、机械设计及制造等多个领域，例如，养殖海洋环境的海底有沙底、水草、礁石等不同情况，抓取目标包括海参、扇贝、海胆、鲍鱼等不同目标，给水下机器人的实际作业带来了极大挑战，需要针对不同的海洋环境设计不同类型的水下捕捞机器人。

如图 5-34 所示的海洋捕捞机器人名叫"海底法拉利"，由哈尔滨工程大学船舶工程学院黄海教授及其团队研制。机器人高 1.15 米，三关节机械臂长达 1.2 米，通过三个"眼睛"判断海鲜的位置和海况，智能选择两种抓取模式，能独立完成从下潜到自主寻找、智能识别、定位跟随、自主抓取、收集整理等一系列操作。

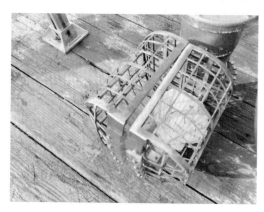

图 5-34　海洋捕捞机器人

此外，这款海洋捕捞机器人不仅能抓取扇贝，经过学习之后，鲍鱼、螃蟹、海参等海洋生物都能被识别抓取。未来团队将继续改良海洋捕捞机器人的各方面性能，推动其自主环境感知与作业技术研究应用取得更多新的突破。

如图 5-35 所示的"海星"号机器人采用双机械手弯臂，极大地提高了机械手的抓取效率，机械手控制程序配备力学反馈模块，在抓取失败、目标物脱落等情况下自动停止抓取动作，抓取动作灵活。在软件设计方面，"海星"号机器人采用内置低功耗 GPU进行实时目标检测，实现水下小目标快速识别与抓取，具备自主导航、智能避障等功能。

如图 5-36 所示的"海狮"号机器人是大连海事大学研发的第七代水下机器人的改进版，长 640 毫米，宽 600 毫米，高 400 毫米，质量约 60 千克，最大下潜深度可达 300米，最大航速 4 节，采用 4K（超高清）分辨率摄像机，并加载了图像增强模块。机器人采用最新八轴推进器，可实现各种姿态的点位、直线、圆弧等运动控制，具有更强的

图 5-35 "海星"号机器人

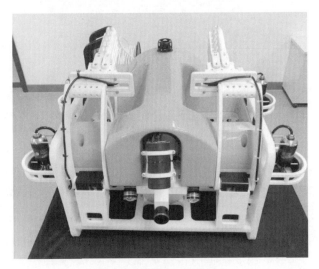

图 5-36 "海狮"号机器人

稳定性与平衡能力;采用全新双机械手并行抓取模式,巧妙采用弯臂设计方案,大大提高了机械手的抓取效率;机器人内置两个可快速拆卸的网箱,具有一定负载能力;采用内置低功耗的 GPU 进行实时目标识别,无须利用地面计算资源进行图像处理;集成了水声和光学定位技术完成水下目标的测量,实现水下小目标快速遍历和抓取;适用于水下环境探测、水下目标检测以及海产品的自主抓取等。

5.3.4 核工业机器人

核工业在国家安全、经济发展和国际地位等方面都具有非常重要的意义。但核辐射对人类来说是非常危险的,应用在辐射环境下的核工业机器人,可以代替人类完成许多工作。大多数核工业机器人采用的是车轮或履带,或车轮和履带相结合的行走方式,只有少数的机器人采用多足或两足行走方式。为了实现远距离控制,核工业机器人具有各种各样的传感器设备。

核电站通常每运行 18 个月后会停堆大修，但核反应堆水池、乏燃料水池以及许多设备旁，人进不去，机器人可以代替人进去完成相应任务。如图 5-37 所示的多功能机器人能抵御 100 西弗/时的核辐射，其体积并不庞大，最大的质量也不超过 100 千克。一个灵巧的机械手臂高高悬起，可以上下左右灵活摆动，它的"眼睛"很大，是摄像镜头所在，它的脚可以是几个小巧的圆轮，也可以是两条霸气的履带，随时可以根据需要进行调整。它的"大脑"在身体的后方，因为那里最需要被保护。除去机器人主体身躯外，其他的功能模块，大多可拆、可卸、可拼接。比如只用"眼睛"，就可以不安装"手臂"。最重要的是，它所有的"器官"，都能在超强辐射的环境下正常工作。

图 5-37　多功能机器人

　　在反应堆水池里是不允许有异物的，但是偶尔会掉落一些细小部件，就需要如图 5-38 所示的水下异物打捞机器人。这款机器人耐辐射、防水和耐高温；它"眼神机敏"，进入水池后，通过自身视觉等传感器，能迅速定位到异物；同时，机器人"手臂灵活"，发现异物后它会通过机械臂的手爪将异物夹取，并打捞出来。若是打捞很小的异物，它还可以把机械手爪换成类似吸尘器的吸盘，轻松将异物吸出来。

图 5-38　水下异物打捞机器人

　　如图 5-39 所示的机器人名为 Mini-Manbo，是日本的研究人员开发出用于检查福岛核电站的潜水机器人。机器人质量为 2 千克，直径为 13 厘米。它有两个摄像头，是用辐射加固材料制造的，能够利用传感器避开核电站反应堆建筑中的危险热点，经过三天的小心航行，Mini-Manbo 通过了一座破碎的反应堆建筑物，最终达到损毁较为严重的 3 号机组反应堆。在那里，机器人于反应堆底部的大洞里传回了一个视频，它脚下聚集了一堆看起来像凝固了的熔岩的物体，这是第一次拍到核电站熔化铀燃料的照片。Mini-Manbo 的尺寸只有鞋盒大小，能够使用微小的螺旋桨在水中盘旋滑翔，类似于一架空中无人机。此外它还可用于清除水下的放射性核燃料碎片。

图 5-39　Mini-Manbo 机器人

如图 5-40 所示的 Monirobo 机器人是被派往福岛核电站执行救援任务的，属于"迷你"型，体积为 80 厘米×150 厘米×150 厘米，质量约为 600 千克，通过双履带每分钟可以行进 40 米，配有可移除障碍和收集样品的机械臂。由于配置了屏蔽罩，所以使用无线中继器可以从 1.1 千米之外进行远程控制，型号分为红色和黄色。因其配置了坦克一样的履带，它可以不受成堆碎片的阻挠，顺利地在其间穿行。它的主要任务是测量辐射水平、温度和湿度，拍摄 3D 视频并发送回控制机构。

图 5-40　Monirobo 机器人

核电安全问题一直是国际关注的重大问题。为确保核电建设、使用过程中的安全，提高核电站紧急救灾能力，核电救灾装备研发具有迫切需求，开发核电站紧急救灾机器人已成为核电救灾领域的发展前沿。

上海交通大学主持的 973 计划项目"核电站紧急救灾机器人的基础科学问题"，根据核救灾机器人"功能-构型-结构"创新设计要求，形成了核电救灾机器人整机构型设计方法。自主研发了多款步行机器人，如图 5-41 所示，在深圳大亚湾核电站完成现场实验，实现了自主上下楼梯、开门、拧阀门、清障等核电站环境下的预期作业任务。

图 5-41　核电站紧急救灾步行机器人

5.3.5　极地科考机器人

南极地区地表有冰裂隙，气候条件极端恶劣，给科学考察带来极大风险。因此，引入高新技术装备，为更深层的极地科考寻找新的突破点，已成为迫切需求。机器人作为延伸科考能力的探测仪器，可具备漫游、观测、采样、分析等功能，可以尽量避免因极地恶劣的气候和自然条件给科考人员带来的风险，对大范围、深层次极地探测具有重要意义。

如图 5-42 所示的"极地漫游者"机器人是首台风能驱动机器人，长 1.8 米，宽 1.6 米，高 1.2 米，质量 300 千克。"极地漫游者"机器人在风能发电驱动下可在冰雪面不间断地昼夜行走，能跨越高度达半米以上的障碍物，并在冰盖复杂地形下进行多传感器

图 5-42　"极地漫游者"机器人

融合的自主导航控制，实现国内通过卫星进行遥控，未来可搭载大气传感器、冰雪取样器、地理地质分析器等 50 千克的任务载荷。

如图 5-43 所示为长航程极地漫游机器人，可在极地零下 40 摄氏度的低温环境下正常作业，橘红色的机器人看上去就像一辆越野吉普车，质量约 0.5 吨。长航程极地漫游机器人由三角履带组成的移动系统、自主驾驶系统、通信远程工作站和载荷系统等构成。其车体采用越野车底盘悬挂技术进行设计，4 个车轮均换成三角履带，以提高其在极地冰雪地面上的行走能力；它的自主驾驶系统，可以实现极地冰雪地形地面环境识别及评估、定位导航和自动驾驶等功能。

图 5-43　长航程极地漫游机器人

如图 5-44 所示的极地漫游球形机器人是由上海大学和中国极地研究中心联合自主研发的，随中国第 30 次南极科考队"雪龙号"经过 1 个多月的海上航行，于 2013 年 12 月 16 日到达南极中山站，并在北京时间 1 月 2 日 16 时在距离中山站 10 千米附近区域进行首次极地试验，当日 16 时 03 分在上海的邮箱中通过铱星通信系统实时收到第一封从南极的极地漫游球形机器人发回来的邮件，经查验，采集到的数据全部正确无误，按预先设计的系统每隔 3 分钟都有一次数据的更新，说明极地漫游球形机器人内部各个系统运行正常且稳定。

图 5-44　极地漫游球形机器人

极地漫游球形机器人的直径为 2.8 米，由双层柔性球膜组成的具有柔性减振功能的外部球壳保护系统、球形内外大气连通的数据采集分析系统及内部通信系统等构成。内球体表面装备的太阳能薄膜为球形机器人上的电子设备提供电源，外球体在风力驱动下可进行长航程极地漫游，在南极数据空白地区测量环境温度、湿度、气压及机器人定位信息和运动速度等参数，并将所测数据通过铱星通信系统传到设定在上海大学的邮箱。

在中国第 26 次南极考察中，使用了如图 5-45 所示的低空飞行机器人"雪雁"，在南极进行了观测试验，验证了其系统的可靠性。此次考察期间，课题组成员在南极应用低空飞行机器人"雪雁"进行了大范围海冰观测实验。"雪雁"翼展 3.2 米，最大起飞质量约 24 千克，有效载荷 8 千克，续航时间 4 小时，适合在冰雪面进行起降。它搭载传感器设备在南极中山站附近 40 千米海域内累计自主飞行 39 架次，获得了清晰的海冰形态图像和精确的海冰观测数据，为极地海冰研究提供了重要数据。与大型飞机不同，低空飞行机器人飞行高度低，在几十米到 100 米高度的上空都能进行精细航拍。它如同战场上的侦察兵，可以细致了解冰架整体情况。

图 5-45　低空飞行机器人"雪雁"

5.4　军用机器人

军用机器人是指为了军事目的而研制的自动机器人，可广泛应用于侦察、直接遂行战斗任务、工程保障、后勤保障、指挥控制、军事科研与教学等军事领域。按活动空间不同，军用机器人可分为：地面武装机器人、水下军用机器人、空中军用机器人。

5.4.1　地面武装机器人

地面武装机器人是一种能够自主或遥控行驶的系统，具有体积小、灵敏性高、任务范围广等特点。根据其控制方式，又可分为自主和半自主机器人。自主机器人依靠自身的智能自主导航，躲避障碍物，独立完成各种预定战斗任务；半自主机器人可在人的监视下自主行驶，在遇到困难时操作人员可以进行遥控干预。

在 20 世纪 90 年代末，美国率先开始了军用机器人的研制工作，制订了"未来作战系统"计划，目的是研制多种地面作战机器人，执行侦察、监视、目标识别和作战等任务。根据美国陆军设想，地面战斗机器人将分为轻型、中型和重型三个级别。其中，轻型战斗机器人质量约 7 吨，配备反坦克导弹或轻型低后坐力武器，可与无人机协同，实现精确打击；中型机器人质量约 15 吨，配备中口径机关炮、反坦克导弹或大口径低后坐力武器，与主战坦克和步兵战车协同作战；重型机器人质量超过 20 吨，配备大口径火炮，具备较强的打击能力，可配合 M1 艾布拉姆斯坦克或 M2 布莱德利步兵战车实施作战。美军曾在伊拉克战场上测试如图 5-46 所示的作战机器人。在此后的 20 多年里，美国陆军研制了多型地面机器人，但更强调机器人在侦察、监视、货物运输和扫雷等方面的能力。直到近年来，美军才开始重视，打造真正意义上的地面作战机器人。

图 5-46　美国作战机器人

俄罗斯机器人技术科学生产联合公司研制的"标识器"是一种可搭载多种武器模块的履带式或轮式作战机器人，如图 5-47 所示。该机器人质量约 3 吨，可同时搭载 2 套武器系统，包括 12.7 毫米大口径机枪、33 毫米/35 毫米/40 毫米口径榴弹发射器、轻型反坦克导弹、侦察/攻击型旋翼无人机等，具备高精度射击能力。另外，该机器人搭载目标探测仪、热传感器、昼/夜红外摄像机等设备，具备环境信息感知、自主路线规

图 5-47　俄罗斯"标识器"作战机器人

划、目标跟踪等类人认知能力。"标识器"作战机器人可以根据目标类型自主应对，对无人机采取电子压制和绳网捕获，对地面目标进行多型武器协同火力毁伤，对入侵人员进行喊话警告和非致命性武器攻击，甚至出动无人机进行驱离或攻击。"标识器"作战机器人在体形和火力方面稍显逊色，但具备更高程度的智能化水平，采用了多项人工智能技术，士兵只需发布目标指示，就可自主判断如何接近目标，如何克服路面障碍，并自主选定合适的武器摧毁地面和空中目标。

如图5-48所示的"天王星-9"战斗机器人的定位为战斗支援系统，底盘采用履带式，可在沙漠、城市巷战的恶劣地形中保持机动性。其质量约10吨，最大速度只有35千米/时，越野速度为10千米/时。从这个数据可以看出，这是一款伴随并辅助连排级别分队作战的战斗机器人。"天王星-9"战斗机器人能够在保障己方军人生命安全的前提下，摧毁敌方的火力点和防御工事，对抗敌方的坦克和装甲车等有生力量。

图5-48 俄罗斯"天王星-9"战斗机器人

"天王星-9"战斗机器人拥有强大的火力系统，主战武器是1门30毫米机炮＋1挺7.62毫米并列机枪，外加4枚反坦克导弹＋6枚便携式防空导弹。一般来说，4～6辆"天王星-9"战斗机器人即可组成一个战斗分队，这意味着以上的武器数量和火力配置放到哪里都是一个重量级的存在。

"天王星-9"战斗机器人系列采取模块化设计，可以根据战场需要进行不同武器搭配。比如遇到攻坚战，防空导弹就可以换成6具火焰喷射器。除了强大的火力打击系统外，"天王星-9"战斗机器人平台还拥有激光报警、目标探测、识别跟踪等系统。通过专用的加密通信将包括图像在内的信息实时传送至指挥车。

如图5-49所示的四足战斗机器狗由美国幽灵机器人公司推出，机器狗可与士兵协同作战，不但身手敏捷，还配备了一挺6.5毫米口径步枪，以及具备30倍变焦的热成像仪，有效射程高达1200米，能够执行侦察、通信等任务。从2020年开始，该公司就与美军合作开展了机器狗测试工作，完成了基地巡逻、沼泽探路、探测并拆除炸弹等测试任务。与传统的履带式和轮式机器人相比，四足战斗机器狗具有更强的环境适应力，山区等复杂地形环境下的通过能力更高。

图 5-49　四足战斗机器狗

　　美军开发了一款名为"Packbot"的小型便携式机器人，如图 5-50 所示，"Packbot"外形小巧、体重较轻，仅靠单人便可移动，在 2 分钟内可部署完毕，搭配类似游戏手柄的遥控器，操作相当简便。其移动速度可达 9.3 千米/时，能攀爬 60 度的陡坡，也可没入深度达 1 米的水中，并且能在各种恶劣天气环境下行动自如。此外"Packbot"可根据任务需要快速完成配置和改装，并高效平稳地攀爬阶梯，或在狭小区域探索前行，同时持续不断传递出视频、音频及传感数据，而控制人则可以在较安全的区域控制。"Packbot"还具备在山洞、建筑物内部或下水道进行搜查作战的能力。它的聪慧、敏捷与适应力强，在世界各国得到广泛认可，许多美军人称它为"背包"机器人。

图 5-50　Packbot 机器人

　　TRX 是美国通用动力陆地系统公司研发的一款 10 吨重的履带式战斗机器人，如图 5-51 所示。TRX 履带式战斗机器人有效载荷能力超过 10 吨，上面搭载 AV 的"弹簧刀"无人巡飞弹发射系统。发射系统分为两个 13 联装的发射器。可以发射 26 枚新型"弹簧刀"600 增程型巡飞弹。TRX 履带式战斗机器人可用于直接和间接射击战斗角色，具有自主补给、突破复杂障碍物、侦察和其他关键战场角色的技术。

　　如图 5-52 所示的是一种名为"捷豹"的新型半自动地面机器人，它是六轮无人地面车辆，质量仅为 1.5 吨，使用大量高分辨率摄像头，用于监视和避免在崎岖地形上行驶时被困，在越野环境中实现了自动驾驶。它还能在雾和灰尘中工作，可替换边境上的士兵，系统内置了一个公共广播系统，用来警告边境入侵者停止入侵。它就像家用扫地

图 5-51　TRX 履带式战斗机器人

机器人一样，一旦感觉电力不足，自己就会到充电站充电。此外它能够承载数百千克的载荷，以色列国防机构已经测试了其可以从战场上快速营救一名受伤人员。

图 5-52　"捷豹"半自动地面机器人

　　"捷豹"半自动地面机器人装备有 7.62 毫米 FN MAG 或 5.56 毫米内盖夫机枪，分别装有 400 发或 500 发子弹，安装在一个稳定的 Pitbull 远程武器系统上，该系统由以色列通用机器人公司制造，重约 200 磅（1 磅≈0.45 千克），可以在移动中精确射击。Pitbull 中集成的摄像头可以在白天探测到 1.2 千米外的人，或者在晚上使用热瞄准镜探测到 800 米外的人。它还可以选择性地配备传感器，以精确定位来犯轻武器和反坦克火力的来源以及使用雷达。据报道，它还配备了自毁装置，因此一旦落入敌对势力手中，他们将无法回收任何敏感部件。它还可以传输坐标，这样就可以被天空上的无人机跟踪，并可能被摧毁。它可以安装几乎任何武器，如火箭发射器、非致命武器等。

5.4.2 　水下军用机器人

水下军用机器人又称无人潜航器，可携带多种传感器、专用机械设备或武器，靠遥控或自主控制在水下航行，适于长时间、大范围的水下任务，可用于通信、导航、监测、反水雷、反潜和海洋作战等。按其与水面支持设备（母船或平台）间联系方式的不同，分为有缆潜航器（简称 ROV）和无缆潜航器（简称 AUV）两种。有缆潜航器按运动方式分为拖曳式、移动式（海底）和浮游（自航）式三种。无缆潜航器也称为自主式潜航器，主要借助于自主导航技术和先进计算机技术进行导航、推进控制和任务管理。

有缆潜航器（ROV）用于打捞沉没于水中的武器、鱼雷及其他装置或者是协助潜水员执行打捞作业。ROV 还可检查核潜艇，并辅助核潜艇的维修与保养，去除附着在核潜艇上的杂物等。ROV 的另一个重要作用是检测与观察海军的水下工程。AUV 可用于辅助军用潜艇，为它护航和警戒，以及为它引开敌方攻击充当假目标。在反潜方面，无缆潜航器（AUV）可担任海上反潜警戒，也可当作反潜舰艇进行训练的靶艇。

REMUS 100 无人潜航器是由美国伍兹霍尔海洋研究所设计，并由挪威康斯博格海事集团下属的 Hydroid 公司制造生产的一种轻型无人潜航器。如图 5-53 所示，该无人潜航器既可以军用，也可以民用，其主要用途包括：港口巡逻、反水雷、水下取样测绘、搜索、打捞与救援、环境监测、海洋研究、渔业作业以及近海资源勘探等。2003年，为配合进攻伊拉克的军事行动，REMUS 100 无人潜航器首次由美国海军水雷战部队部署在波斯湾北部进行实战化条件下的反水雷行动。2006 年，英国海军开始装备 REMUS 100 无人潜航器。

图 5-53 　 REMUS 100 无人潜航器

REMUS 100 无人潜航器上存储的各类数据信息和图像都可通过数据线传输到适配的笔记本电脑上。此外，REMUS 100 无人潜航器还配备了双侧侧扫描声纳、双频识别声纳和摄像机等多种探测装置。其中，双侧侧扫描声纳探测到的数据可以被储存到 RE-MUS 100 无人潜航器自带的存储器内，或直接回传给后方的操作员。而 REMUS 100 无人潜航器存储器内的数据，则可在潜航器回收后，用数据线连接其上面的数据接口，并导入配套的笔记本电脑中，而后以文本的方式呈现出来。同时，REMUS 100 无人潜航器搭载的软件还具备水下三维图像绘制能力，能将包括水雷、水下山脉等水下物体或地形清晰地标示出来。

REMUS 100 的改进型 REMUS 600，如图 5-54 所示。REMUS 600 自主无人潜航器具有更长的续航力、更大的负载力和潜水深度。REMUS 600 自主无人潜航器采用双叶螺旋桨推进，最大速度可达 2.3 米/秒，可在水下 600 米执行任务，能够携带 300 千克左右的任务载荷。前部可容纳声纳、辅助电池组、笔形波束以及电导率、温度和深度（CTD）传感器，而导航系统则位于辅助电池托架旁边。电机组件、主电池单元以及系统电子装置和通信装置安装在后部。三翼独立尾部控制表面改善了方向稳定性和控制性。AUV能够使用预先加载的任务编程自主操作，并且操作员可以在任务期间使用坚固耐用的笔记本电脑远程修改路径。

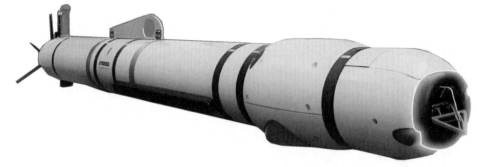

图 5-54　REMUS 600 自主无人潜航器

"蟹形爬行"无人潜水器（图 5-55），是由波士顿 iRobot 公司于 20 世纪 90 年代末研制的，这种潜水器被称作"有腿自主潜水器"。其中最著名的是 Ariel-Ⅱ，其搜雷能力曾在各种条件下进行了演示，包括在瑞威尔海滩（马萨诸塞州）附近，在沿岸系统站、靶场（佛罗里达州）和蒙特雷湾。试验证明它在海滨坡地具有良好的稳定性和对钢铁目标定位的能力，但是据研制公司披露："在保障动态控制方面还需要做大量的工作"。

图 5-55　"蟹形爬行"无人潜水器

5.4.3　空中军用机器人

无人机被称为空中机器人，是军用机器人中发展最快的家族，目前无人机的基本类型已达到 300 多种。

如图 5-56 所示是由美国杜克机器人公司（Duke Robotics）开发的 Tikad 无人机，

可以在飞行过程中瞄准和射击敌人。它装载了机枪和手雷投射器，机枪可以通过远程控制来射击，并可以减少战斗中所需要的地面部队，进而减少战士伤亡。

图 5-56　Tikad 无人机

　　Tikad 无人机挂装了专用无后坐力步枪并采用特殊设计的万向稳定支架，即无人机与枪械之间由 6 个机械臂和万向稳定支架来保持枪械的指向并吸收枪械射击的后坐力，一定程度解决了载重量和枪械后坐力问题，该机可携带 10 千克轻武器进行射击。

　　Tikad 无人机是一种既能侦察又能挂装包括狙击步枪、榴弹发射器、自动步枪在内的多种轻武器执行射击的察打一体八旋翼无人机，射速较低，但精度很高。即使做不到像真正步兵一样开火，但在反游击战中，Tikad 无人机可发挥其视野和位置的优势进行侦察，利用有限的火力实施打击。

　　近年来，我国在无人机领域发展迅速，尤其以彩虹、翼龙系列为代表的军用无人机，在中国众多出口武器装备中脱颖而出，得到了许多国家的赞赏和喜爱，成为出口"明星"产品。许多国产无人机也在客户手中经历了实战的检验。

　　如图 5-57 所示的"彩虹-4"是一款多用途中空长航时侦察打击一体化无人机，是由中国航天科技集团有限公司十一院航天彩虹无人机股份有限公司自主研发的，2011 年首飞成功，2012 年首次参加航展，分为三个型号：用于侦察的"彩虹-4A"，察打一体的"彩虹-4B"和"彩虹-4C"。

　　"彩虹-4"无人作战飞机机翼展达 18 米，最大起飞质量 1.35 吨，续航距离高达 5000 千米，最大升限 7000 米，滞空时间超过 30 小时，加挂武器时的滞空时间为 14 小时，任务载重 345 千克，最大飞行速度 250 千米/时，机身表面大部分采用轻质合成材料，最大航程 3500 千米。

　　"彩虹-4"无人作战飞机有四个武器外挂，可搭载两枚空地导弹，两枚卫星制导炸弹。控制系统采用了高精度四合一光电感测器，合成孔径雷达，定位系统选用了中国的北斗卫星定位系统。

　　"彩虹-5"无人作战飞机是基于"彩虹-4"研制的一款中远途无人侦察攻击一体机，

图 5-57　"彩虹-4"无人作战飞机

如图 5-58 所示。"彩虹-5"无人作战飞机改进型的最高续航时间可以达到 120 小时，最大飞行距离可以超过 1 万千米，最多可挂载 16 枚空地导弹。雷达方面选用了合成孔径相控阵对地雷达。整体布局类似于美国的"捕食者"无人攻击机，整体技术完胜"捕食者"无人攻击机，但价格却只有"捕食者"无人攻击机的一半不到。目前除中国空军以外，埃及空军也引进了这款无人机。

图 5-58　"彩虹-5"无人作战飞机

"翼龙-1"为军民两用无人机（图 5-59），可执行监视、侦察、电子对抗及对地攻击等任务，在维稳、反恐和边境巡逻等方面发挥用途；也可应用于灾情监视、大气研究及气象观测、地质勘探及土地测绘、环境保护、农药喷洒和森林防火、缉毒走私等民用及科学研究等领域。国际上同类无人机中，"翼龙"无人机处于先进水平。其总体性能及用途与中国航天科技集团研制的"彩虹-4"无人作战机、美国通用原子技术公司研制的"MQ-1 捕食者"无人攻击机等相似，但侧重点有所不同。"翼龙-1"无人机截至目前总飞行时间超过了 1 万小时，发射实弹上千枚。

截至目前，除中国人民解放军以外，埃及、哈萨克斯坦、尼日利亚、阿联酋、乌兹别克斯坦、印度尼西亚、塞尔维亚、吉尔吉斯斯坦、巴基斯坦的空军也装备了"翼龙-1"无人机。

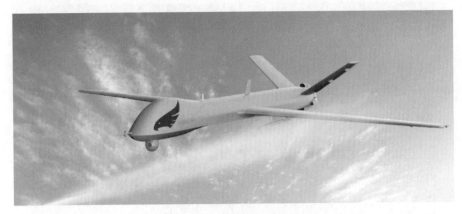

图 5-59　"翼龙-1"无人机

　　"翼龙-2"无人机是"翼龙-1"的放大版，如图 5-60 所示，其机身更长，翼展更宽。"翼龙-2"中空长航时无人机机身细长，配有 V 形尾翼和腹鳍。该飞行器采用可伸缩起落架，包括机身下方的两个主轮和机头下方的一个单轮。每个机翼下都有三个挂载点，可以携带炸弹、火箭弹或空对地导弹。通过一个位于机身顶部前表面的卫星通信天线提供无人机和地面站之间的远程数据传输。

图 5-60　"翼龙-2"无人机

　　基于"翼龙-1"无人机的成功，"翼龙-2"无人机早在设计阶段就获得了大量海外的订单。目前除中国人民解放军空军以外，中华人民共和国应急管理部也装备了"翼龙-2H"应急救灾无人机。2021 年河南遭遇暴雨袭击，部分地区通信中断，中华人民共和国应急管理部便派遣搭载通信平台的"翼龙-2H"前往河南灾区上空提供通信服务，并进行灾情侦察，为抢险救灾提供了极大的便利。

　　如图 5-61 所示的"攻击-11"无人战斗机 2013 年 11 月首飞，使中国成为继美国、英国、法国之后第四个成功完成专用无人战斗机的国家。

图 5-61 "攻击-11" 无人战斗机

"攻击-11"是一款隐形无人战斗机,具备压制敌预警探测和指挥通信系统的强大功能。从外观上看与美国的"B-2"隐形战略轰炸机类似。

如图 5-62 所示的"猎人"无人机是一种能昼夜飞行、不受气象条件限制的短距离侦察机,可以提供侦察、监视和目标截获。"猎人"无人机作为俄罗斯首款重型打击无人机,机身内置弹舱,载弹能力 2.8 吨,采用了与美国 X-47B 相同的飞翼布局以提高亚音速巡航性能,机身使用特殊材料和涂层,隐身性能良好,并使用了与苏-57 相同的航空发动机 AL-31F,使得其最大飞行速度达 1400 千米/时,航程更是能够达到 5000 千米之远。该无人机还配备了有源相控阵雷达,能同时追踪十几个目标,多目标攻击能力突出。总体而言,"猎人"无人机在超音速低海拔突防、弹药携带方面性能卓越,而其在今后实现的不仅仅是简单的"察打一体",更是与有人驾驶战机一同实施突防的配合。

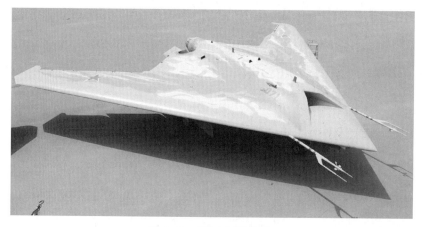

图 5-62 "猎人"无人机

"MQ-9"无人机是一种极具杀伤力的新型无人作战飞机(图 5-63),可为地面部队提供近距空中支援,也可以在山区和危险地区执行持久监视与侦察任务。

"MQ-9"无人机由美国通用原子能公司研发,系长航时中高空大型"察打一体"无

图 5-63　"MQ-9"无人机

人机，可以执行攻击、情报搜集、监视与侦察任务。"MQ-9"无人机全长约 11 米，主翼展长 20 米，可以在地面遥控操纵。其飞行高度可达 1.5 万米，超过民用飞机，而且拍摄画面精度高，监视能力较强。"MQ-9"无人机分为攻击型和侦察型。MQ-9 无人机有 7 个外挂弹药挂架，搭载弹药的模式有两种：一是 GBU-12 激光制导炸弹和 AGM-114 "地狱火"空地导弹；二是 227 千克 JDAM "联合直接攻击弹药"和 113.5 千克 SDB 小直径炸弹，依据最大有效载荷搭配不同弹种。

　　"全球鹰"无人机是由美国诺斯罗普·格鲁曼公司研制的高空高速无人侦察机。"全球鹰"无人机看起来很像一头虎鲸，如图 5-64 所示，它身体庞大、双翼直挺，翼展超过波音 737 客机，球状机头将直径达 1.2 米的雷达天线隐藏了起来，能够在 1.8 万米的高空飞行 30 多小时，最大航程达到 2.2 万千米。它可以提供后方指挥官综观战场或是局部目标监视的能力，白天监视区域超过 10 万平方千米。它还有潜在能力，可以进行波谱分析的谍报工作，提前发现全球各地的危机和冲突。也能帮忙导引空军的导弹轰炸，使误击状况降低。

图 5-64　"全球鹰"无人机

"全球鹰"无人机具有从敌占区域昼夜全天候不间断提供数据和反应的能力，只要军事上有需要它就可以启动，可从美国本土起飞到达全球任何地点进行侦察。机上载有合成孔径雷达、电视摄像机、红外探测器三种侦察设备，以及防御性电子对抗装备和数字通信设备。"全球鹰"飞行控制系统采用GPS全球定位系统和惯性导航系统，可自动完成从起飞到着陆的整个飞行过程。通过使用一个卫星链路，自动将无人机的飞行状态数据发送到任务控制单元。

　　"神经元"无人机是由法国领导，瑞典、意大利、西班牙、瑞士和希腊参与共同研发的隐形无人机，是一种集侦察、监视、攻击于一身的多功能无人作战平台，如图5-65所示。在雷达屏幕上的神经元无人机尺寸不超过一只麻雀大小，该机隐身性能突出。在外形设计和气动布局上，该机借鉴了B-2A隐身轰炸机的特点，具有低可探测性，采用了无尾布局和翼身完美融合的外形特点，其W形尾部、直掠三角机翼以及锯齿状进气口遮板几乎就是B-2A的缩小版。还大量使用复合材料，安装2个内部武器舱，携带数据中继设备，并可装备1台雷达。

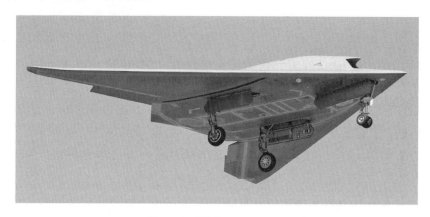

图 5-65　"神经元"无人机

　　"神经元"无人机可以在不接受任何指令的情况下独立完成飞行，并在复杂飞行环境中进行自我校正。2012年11月，"神经元"无人机在法国伊斯特尔空军基地试飞成功。"神经元"无人机智能化程度高，综合运用了自动容错、神经网络、人工智能等先进技术，具有自动捕获和自主识别目标的能力，也可由指挥机控制其飞行或作战。有效载荷超过1吨，采用1台"阿杜尔"（Adour）发动机，飞行速度约为0.8马赫，它在战区的飞行速度超过现有一切侦察机。续航时间超过3小时，具有航程远、滞空时间长等基本特点。

5.5　深空探测机器人

　　深空探测是指脱离地球引力场，进入太阳系空间甚至更远宇宙空间的探测。深空探测是人类航天活动的重要方向和空间科学与技术创新的重要途径，是当前以及未来航天领域的发展重点之一。

5.5.1　月球探测机器人

月球一直以来都是人类太空探索的焦点之一，它具有丰富的科学价值和潜在的资源。了解月球的演化历史，以及寻找潜在的资源，这些将为未来的月球基地和深空探测提供宝贵的信息和经验。

月球车，即月面巡视探测器，是一种能够在月球表面行驶并完成探测、考察、收集和分析样品等复杂任务的专用车辆。

1970 年 11 月 17 日，苏联发射了世界上第一辆成功运行的遥控月球车"月球车"1 号（图 5-66）。在月面"雨海"地区着陆后，该探测器行驶了 10.5 千米，进行了 10 个半月的科学探测，考察了 8 万平方米的月面，拍摄了 2 万多张照片，对 500 个地点进行了土壤物理测试，25 个地点进行了土壤化学分析，直至携带的能源耗尽，于 1971 年 10 月 4 日停止工作。

图 5-66　"月球车"1 号

"月球车"1 号的外形像个圆桶，上面有一个凸起的盖子，车下面有 8 个轮子，每个轮子都是独立控制的。车上的装备包括一架锥形天线、一个高精度定向的螺旋天线、四台电视摄像机，以及一些用来测量月球土壤密度和物理、化学特征的设备。在凸起的盖子下面是太阳能电池。天线负责将月面上的状况传送给莫斯科一个五人小组，由他们远程操控月球车的下一步行动。

"月球车"1 号分为仪器舱和自动行走底盘两部分。由可展开的圆形太阳能电池和蓄电池联合供电。仪器舱是由镁合金制成的密封舱，其内装有无线电收发装置、遥控仪器、供电系统、摄像头、X 射线仪、温控系统等。"月球车"1 号上有多套摄像头系统，最重要的一个是位于车头向外突出的主摄像头，它每秒可向地球上的控制小组传输 1 幅图像。此外车前还有两个摄像头，车后的两个摄像头分别可在垂直方向做 360 度旋转和水平方向的 180 度旋转。当需要传输高质量图像时，"月球车"1 号就停下来利用车上的窄束天线进行发射。"月球车"1 号还携带了 X 射线仪，利用该仪器可以探测月球土壤中铝、钙、硅、铁、镁、钛等元素的相对丰度。车体前端还有穿刺器，可以通过测量穿刺月壤时的阻力来获得相关物理参数。

"月球车"1号的行走底盘依靠8个包裹着金属丝的辐条轮行动。这些车轮直径为51厘米且相互独立，只要有两个车轮工作，"月球车"1号就能实现行走。"月球车"1号没有转向轮，但是车轮可以向前后两个方向运动。它通过像坦克履带那样改变两侧车轮的速度差来实现转向。虽然每个车轮都有计数器，但是设计师为了防止主轮打滑后计数器失灵（现代探测器中也出现过这种故障），在车体尾部安装了第9个用来测量里程和速度的轮子。

"玉兔号"是中国首辆月球车，如图5-67所示。2013年12月14日21时11分"嫦娥三号"着陆月球表面，2012年12月15日4时35分，"玉兔号"月球车驶出着陆器，踏上月球。

图 5-67 "玉兔号"月球车

"玉兔号"月球车周身金光闪闪，耀眼夺目。"黄金甲"是为了反射月球白昼的强光，降低昼夜温差，同时阻挡宇宙中各种高能粒子的辐射，支持和保护月球车腹中的"秘器"——红外成像光谱仪、激光点阵器、全景相机、测月雷达、粒子激发X射线谱仪等10多套科学探测仪器。"玉兔号"月球车的肩部有两片可以打开的太阳能电池帆板，利用太阳能为车上仪器和设备提供电源；移动部分采用六个轮子、摇臂悬架，即"六轮独立驱动，四轮独立转向"的方案，具备前进、后退、原地转向、行进间转向、20度爬坡、20厘米越障能力。"玉兔号"月球车上装有一个地月对话通信天线；头顶的导航相机与前后方的避障相机及大量传感器，在得知周围环境、自身姿态、位置等信息后，可通过地面或车内装置，确定速度、规划路径、紧急避障、控制运动、监测安全；负责钻孔、研磨和采样的机械臂，利用导热流体回路、隔热组件、散热面设计、电加热器、同位素热源，可使月球车工作时舱内温度控制在－20～55摄氏度之间；"玉兔号"月球车将中心计算机、驱动模块、处理模块等集中一体化，采用实时操作系统，实现遥测遥控、数据管理、导航控制、移动与机构的驱动控制等功能，实现了全部"中国制造"，国产率达 100%。

2016 年 7 月 31 日晚，"玉兔号"月球车超额完成任务后停止工作。

日本宇宙航空研究开发机构（JAXA）于 2023 年 9 月发射了 SLIM 月球着陆器。如图 5-68 所示，SLIM 是一个小型的月球着陆器，尺寸（长×宽×高）为 1.5 米×1.5 米×2 米，质量为 590 千克，其中燃料占去 470 千克质量。

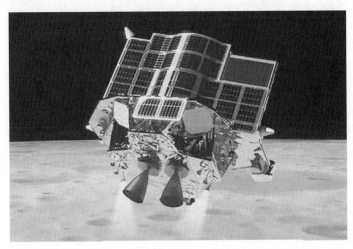

图 5-68　SLIM 月球着陆器

尽管 SLIM 月球着陆器的降落过程并不顺利，但 JAXA 宣布，探测器成功降落在月球赤道附近的环形山边缘，实际着陆地点位于预定目标地点偏东约 55 米处，误差小于 100 米，已经实现了"100 米精度的精确着陆技术"演示的主要任务。这是被称为"智能眼睛"的精准着陆技术的首次应用。SLIM 月球着陆器搭载的小型探测器 LEV-1 和 LEV-2 均成功释放，LEV-2 负责拍摄 SLIM 月球着陆器和周围环境，图像通过 LEV-1 的通信设备传回地面。2024 年 1 月 29 日，SLIM 月球着陆器项目团队在社交媒体上发文说，探测器于 28 日晚与地面建立通信，其搭载的多光谱相机也重新开始工作，并成功获取在 10 个波段观测的"第一束光"。

5.5.2　火星探测机器人

1997 年 7 月 4 日迎来了第一辆能够在火星上成功行驶的车"旅居者号（Sojourner）"火星车。"旅居者号"火星车是由美国宇航局发射的"探路者（Pathfinder）"着陆器携带而来的。"旅居者号"火星车边行走，边传回信息，而后等待地面科学家分析信息，接收指令，再前进。"旅居者号"创造出用火星车探测火星的新技术和新方式。

如图 5-69 所示，"旅居者号"火星车配有六个车轮，大小只有微波炉那么大，质量 10.5 千克。其上带有阿尔法质子 X 射线光谱仪、车轮磨损实验装置、材料黏附实验装置等科学载荷，用于对火星的土壤、尘埃的结构和成分进行分析，测试火星土壤对铝、镍和铂薄层的磨损情况，测量火星车背面每日灰尘的积累以及光伏板能量转换能力的记

图 5-69 "旅居者号"火星车

录，为后续的火星探测任务打下坚实的基础。

"旅居者号"火星车在近三个月的时间里，穿过了布满沙土的地形，拍摄了大约 550 张照片，并将数据和图片发送回来，为地面研究人员提供了关于火星天气的大量数据。

2003 年 NASA（美国航空航天局）开启了名为火星探测漫游者计划，先后将"勇气号"和"机遇号"两辆"双胞胎"火星车送往火星，对火星进行实地考察，它们的主要任务是探测火星上是否存在水和生命，并分析其物质成分，评估火星上的环境是否有益于生命，两辆火星车一模一样，如图 5-70 所示，"双胞胎"火星车由六轮驱动，最高速度每分钟行驶 3 米，平均速度每分钟 60 厘米，长 1.6 米，宽 2.3 米，高 1.5 米，质量 180 千克，通过展开的餐桌大小的太阳能电池板来获得能源，它有着和人眼高度类似的一对全景照相机，可拍摄火星表面的彩色照片，还有可灵活伸展、弯曲和转动的机械臂，用于对火星土壤进行取样分析，通过高增益天线，利用环绕火星的轨道器，比如火星奥德赛号作为中继，和地球深空网络联系。

"勇气号"火星车于 2003 年 6 月 10 日发射，2004 年 1 月 3 日着陆火星表面，在接近 7 年的任务时间里，"勇气号"漫游了近 8 千米，探索了几个大的陨石坑，研究了数千块岩石，拍摄了火星沙暴天气中的日落，观察了火星的卫星，并拍摄了第一张地球在另一个行星夜空中的图片，"勇气号"火星车还发现了古老的温泉、水蒸气喷口的证据，分析了火星大气层的数据，发现了大量火星曾经存在地表水的证据。考虑到火星上的恶劣环境，比如强烈的沙尘暴可能使大量尘埃遮挡太阳能板，导致火星车失去电力，它们的预计寿命仅为 90 天，幸运的是"勇气号"一直正常工作到 2009 年 6 月，在通过特洛伊沙地时，车轮陷入软土无法动弹，之后的观测一直被限制在原地，虽然几经尝试解救都以失败告终，2010 年 1 月 NASA 宣布放弃拯救"勇气号"火星车，从此"勇气号"火星车转为静止观测平台，2011 年 5 月 25 日 NASA 在最后一次尝试联络后，结束了"勇气号"火星车的任务。

图 5-70　"勇气号"火星车

　　"机遇号"火星车于 2003 年 7 月 7 日发射，如图 5-71 所示，在"勇气号"降落的三个星期之后降落在火星的另一边，降落地点位于原计划的亨利撞击坑偏东 25 千米处的老鹰撞击坑，"机遇号"火星车开始做的第一件事就是用携带的相机拍摄了着陆点的全景照片。"机遇号"火星车的任务是了解火星是否曾经有过有利于生命存在的地方，它们通过分析火星岩石来获取水存在的证据，从而帮助科学家们了解百万年前的火星可能是什么样的，因为岩石里包含着行星的历史，老鹰撞击坑的全景照显示出外露的岩层，被认定是由于水流的关系造成的，通过附带的岩石摩擦工具的挖掘，发现了岩石侵蚀的痕迹，岩石中还含有氢氧根离子，这意味着当岩石形成时可能存在水。

图 5-71　"机遇号"火星车

　　"好奇号"火星车是美国第七个火星着陆探测器，第四台火星车，是世界上第一辆采用核动力驱动的火星车，也是第一个直接以车轮着陆降落在火星上的探测器，于 2011 年 11 月发射，2012 年 8 月成功登陆火星表面盖尔陨石坑，如图 5-72 所示。

　　"好奇号"火星车的主要任务是探索火星气候和地质以及是否存在水，还有现在的火星环境是否支持生命生存。从 2012 年 8 月登陆火星以来，"好奇号"火星车就不断向

图 5-72　"好奇号"火星车

人类传回喜讯，它在火星盖尔陨石坑中发现了火星存在水的证据，还发现了有机物质的存在，以及浓度惊人的甲烷气体，这让科学家们看到了火星存在生命的希望。

在"好奇号"火星车身上配置了先进的科学仪器设备，其中包括七个高清相机，可以帮助火星车实现导航、避险、化学和成像等功能，还有火星样本分析仪、化学与矿物学分析仪、阿尔法粒子 X 射线分光计、中子反照率动态探测器和辐射评估探测器，以及火星车环境监测器等科学仪器，主要是用来探索火星的气候、地质、水资源和生命潜力，此外"好奇号"火星车上还携带了两台特制 IBM 计算机，可以承受最低零下 55 摄氏度以及最高 70 摄氏度的气温变化，在它的尾部放置的一块核电池，可为"好奇号"上的诸多仪器设备提供充足的能量，开创了人类在火星上使用核动力的先河。

如图 5-73 所示为"毅力号"火星车，是 NASA 研发的火星车，它肩负着搜寻火星上过去生命存在的艰巨任务。2020 年 7 月 30 日在美国佛罗里达州发射升空，经过了半年多的飞行，它以"空中起重机"的方式成功着陆在火星的杰泽罗陨石坑，之所以会选择这一区域，是因为这里 35 亿年前曾是河流三角洲的区域，可能存在微生物的遗迹。

"毅力号"的尺寸有一辆车那么大，配备了一系列先进的科学仪器。"毅力号"火星车车身主体是电子暖箱，坚固的外壳可以保护里面的计算机和电子设备，车身两侧各有三个铝制的车轮，前轮和后轮可以转动，完成原地 360 度的旋转，悬挂系统非常强大，崎岖地形行驶也不在话下，为了稳定和安全，"毅力号"火星车的最高速度被限制在每小时 0.1 千米。"毅力号"摇杆支架上面有许多摄像头和传感器设备，高度只比一般人类的身高高一点点，这样的设计可以模拟人类在火星上的视野范围，顶部带有超级摄像头，上面集成了照相机、激光和光谱仪，可以在超过 7 米的距离上识别小到铅笔点区域的化学和矿物质，桅杆相机是"毅力号"火星车的主眼睛，可以拍摄彩色图像、视频和三维立体图像，还有两个导航摄像头，可以在 25 米外看到高尔夫球大小的物体，用于帮助探测器在火星表面安全行驶。

图 5-73　"毅力号"火星车

　　"毅力号"火星车上携带的火星环境动态分析仪,上面有一整套传感器,可以测量火星的风速、风向、气压、相对湿度、空气温度、地面温度和来自太阳或者宇宙的辐射,此外"毅力号"火星车有六个危险规避摄像机,四个在前方,两个在机身后部,帮助探测器在火星表面行驶时避开危险和障碍物,"毅力号"火星车的核电池利用放射性元素的衰变产生热量然后再转化为电能。"毅力号"火星车上的雷达成像仪发出雷达波,可以探测火星地表下长达 9 米的地理结构,并能判断出冰、水或咸水。"毅力号"火星车最前方的机械臂上也安装了很多探测设备,有岩石化学分析仪,可以识别出火星古生物信息;有用于操作和工程的广角地形传感器,是一个能够清晰查看岩石细节的强大摄像头;还有一个摄像头叫作夏洛克,它可以对矿物、有机分子和潜在生物特征进行精细检测。机械臂的末端是取心钻,能够钻探和收集样本,并把样板储存在探测器上。

　　跟随"毅力号"火星车成功降落的还有一架火星直升机"Ingenuity"(图 5-74),它

图 5-74　"Ingenuity"火星直升机

是第一架在另一颗星球上飞行的直升机，"Ingenuity"火星直升机配备一个摄像系统，可以拍摄具有重要研究价值的火星表面结构。

　　"天问一号"是由中国航天科技集团公司下属中国空间技术研究院研制的探测器。2020年7月23日发射，2021年5月15日"天问一号"成功实现软着陆在火星表面，2021年5月22日"祝融号"火星车成功从"天问一号"驶上火星表面，我国成为继美国、苏联/俄罗斯之后，世界上第三个成功将火星车送入火星表面的国家。

　　如图5-75所示，"祝融号"火星车高度有1.85米，质量达到240千克左右。"祝融号"火星车相较于国外的火星车其移动能力更强大，设计也更复杂。它采用主动悬架，6个车轮均可独立驱动、独立转向，除前进、后退、四轮转向行驶等功能外，还具备蟹行运动能力，用于灵活避障以及大角度爬坡。更强大的功能还包括车体升降（在火星极端环境表面可以利用车体升降摆脱沉陷）、尺蠖运动（配合车体升降，在松软地形上前进或后退）和抬轮排故障（遇到车轮故障的情况，通过质心位置调整及夹角与离合的配合，将故障车轮抬离地面，继续行驶）。

图5-75　"祝融号"火星车

　　"祝融号"火星车搭载了次表层探测雷达、火星表面磁场探测仪、火星气象测量仪、表面成分探测仪、多光谱相机、导航地形相机等探测仪器设备。

　　次表层探测雷达可以随火星车移动，持续收集地下雷达信号，探测火星表面100米以下土壤物质的大小和分布特征；火星表面磁场探测器可以检测火星表面磁场、火星磁场指数以及火星电离层中的电流，探索火星磁场演变过程；火星气象测量仪用于监测火星表面温度、压力、风速和风向等气象数据，用于开展大气物理特征的研究；火星表面成分探测仪利用激光诱导击穿光谱和红外光谱可对土壤及岩石进行探测，用于元素和矿物组成等分析研究；多光谱相机获取着陆点周围的地形、地貌和地质背景信息等；导航地形相机获取沿途地形地貌数据，支持火星车路径规划和探测目标选择，指导火星车的移动并寻找感兴趣的目标。

5.5.3　其他太空探测机器人

　　小行星是指太阳系内环绕太阳运动，但体积和质量比行星小很多的天体。目前人类已经观测到近百万颗小行星，广泛分布在从近地轨道到小行星带、柯伊伯带，乃至更加遥远的空间。小行星保存着太阳系形成演化的原始信息，蕴藏海量资源，又对地球造成现实威胁，对它们的探测有助于揭示生命起源、开发天然资源、推动技术进步、保护地球安全，是当前国际深空探测的热点。

　　"隼鸟号"是日本宇宙航空研究开发机构研制的小行星探测器，如图 5-76 所示。"隼鸟号"探测器原预计于 2007 年 6 月返回地球，但由于怀疑探测器的燃料泄漏，延后 3 年后于 2010 年 6 月 13 日返回地球，本体于大气层烧毁，而内含样本的隔热胶囊与本体分离后在澳大利亚内陆着陆。"隼鸟号"探测器在宇宙中旅行了七年，穿越了近六十亿千米的路程。这是人类第一次对地球有威胁性的小行星进行物质搜集的研究。"隼鸟号"探测器是吉尼斯纪录认定的"世界上首架从小行星上带回物质的探测器"。

图 5-76　"隼鸟号"探测器

　　"隼鸟 2 号"是"隼鸟号"探测器的后继探测器。如图 5-77 所示，"隼鸟 2 号"探测器于 2014 年发射，经过多年的孤单跋涉终于到达了目的地——一颗名为 Ryugu（位于地球与火星之间）的小行星。"隼鸟 2 号"探测器携带了四个着陆器，两个着陆器在 Ryugu 表面跳跃，由于 Ryugu 的重力很小，所以每次弹跳将持续 15 分钟。这两个着陆器的主要作用是拍摄地表照片，测试温度，并对其落点进行检查。另外两个着陆器虽然不会移动，但装备了更多的仪器，它们的作用一是关注小行星的磁性质，二是检查地表的矿物质。"隼鸟 2 号"探测器携带自我构造弹，在小行星表面进行第一次采样后，释放弹头在小行星表面上制造坑洞，之后于坑洞内采集样本。

　　如图 5-78 所示的"黎明号"探测器是由美国研制的第一个探测小行星带的人类探测器，也是第一个先后环绕谷神星与灶神星（Vesta and Ceres）这两个小行星的人类探测器。2007 年 9 月 27 日从佛罗里达州肯尼迪航天中心发射升空，探测灶神星和谷神星将有助于了解太阳系的起源。

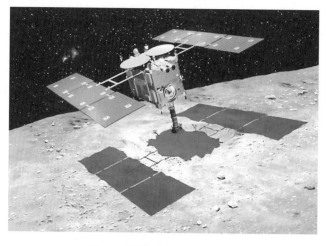

图 5-77　"隼鸟 2 号"探测器

图 5-78　"黎明号"探测器

　　"黎明号"探测器计划首先探测灶神星，进行 6 个月的观测后离开，然后赶到谷神星继续观测，整个太空旅行的距离长达 48 亿千米。灶神星和谷神星是火星和木星之间小行星带里体积最大的成员，科学家希望通过观测研究这两个天体，能够揭开太阳系诞生的线索。

　　"Osiris-Rex"小行星探测器于 2016 年发射，是美国第一个小行星采样探测器，如图 5-79 所示。2018 年 12 月 10 日"Osiris-Rex"小行星探测器在贝努小行星上发现了水的痕迹，这些水分被"锁"在贝努小行星的黏土中。2023 年 9 月"Osiris-Rex"小行星探测器的样本舱返回地球，于次日被送至位于得克萨斯州休斯敦市的约翰逊航天中心进行科学分析。约一个月后，研究人员拆解样本舱的工作暂停，因为样本舱上两个异常结实的扣件无法打开。据美国航天局研究人员估计，"Osiris-Rex"小行星探测器最初大概采集了约 400 克样本。然而，由于石头卡住了样本收集容器的盖子，令容器无法闭合，导致部分样本撒出。

图 5-79　"Osiris-Rex" 小行星探测器

第 6 章

国内外著名的工业机器人品牌和公司

工业是一个国家发展的标志，是国民经济发展的主导力量。工业生产对于经济的增长和社会发展起到了关键的推动作用。工业机器人作为现代机器人的先行者、领头羊，被誉为"制造业皇冠顶端的明珠"，是衡量一个国家创新能力和产业竞争力的标志，已成为新一轮全球科技和产业革命的切入点。工业机器人作为机器人家族中重要的一员，占总量的 80% 以上，是目前技术最成熟、应用最广泛的一类机器人，它体现了一个国家的科技水平和高端制造水平，它的飞速发展离不开世界各地工业机器人生产企业的共同推动。

6.1 国内工业机器人品牌和公司

我国工业机器人起步于 20 世纪 70 年代初，从 2000 年左右开始进入产业化阶段，近年来，我国工业机器人产业发展迅猛，从 2013～2023 年，我国工业机器人的销量从近 3.7 万台跃升到超 30 万台，占全球市场份额从 20% 提升至 50% 以上，我国连续十年成为全球最大工业机器人消费国，稳居全球第一大工业机器人市场。我国工业机器人公司主要有沈阳新松、南京埃斯顿、安徽埃夫特、武汉华数、广州数控、深圳大族等一批新兴机器人公司，工业机器人逐渐形成了产业化规模。

6.1.1 新松机器人

沈阳新松机器人自动化股份有限公司（以下简称"新松"）成立于 2000 年，隶属中国科学院，是中国十大工业机器人公司之一，是中国机器人产业的重要组成部分，是拥有机器人核心技术的企业。新松坚持走自主创新之路，书写了中国机器人发展史上百余项"行业首创"。作为国家机器人产业化基地，新松拥有完整的机器人产品生产线，产品涵盖工业机器人、移动机器人、洁净（真空）机器人、特种机器人及智能服务机器人五大系列，其中工业机器人产品填补多项国内空白，创造了中国机器人产业发展史上88 项第一的突破；洁净（真空）机器人多次打破国外技术垄断与封锁，大量替代进口产品；移动机器人产品综合竞争优势在国际上处于领先水平，被美国通用等众多国际知名企业列为重点采购目标；特种机器人在国防重点领域得到批量应用。

新松的产品成功出口到全球 13 个国家和地区，全方位满足工业、交通、能源、民生等国民经济重点领域对以机器人技术为核心的高端智能装备需求。新松工业机器人智能产品现已具备智能感知、智能认知、自主决策、自控执行等功能，在各行业进行了深度的应用实践与工艺融合，推出多款工程师系列机器人，可为用户量身定制完整先进的行业解决方案。

SR 系列工业机器人（图 6-1），负载可高达 500 千克，是应用非常广泛且非常灵活的高负载型工业机器人之一。该型机器人是高可靠性和优异性价比的万能型智能机器人；具有强劲型手腕，高扭矩设计，可实现高速、高负载、高效作业；自主软件控制系统不断升级，确保定位精准，工作性能稳定可靠。

SP 系列专用堆垛机器人（图 6-2）是任劳任怨的强力"搬运工"，提供了非常大的作业空间。采用轻量化设计，机械结构紧凑，节省占地空间，通用性、搬运能力几乎可满足任何堆垛的需求。同时，动作灵活精准、快速高效、稳定性高、作业效率高，在作业空间、动力状态等方面皆具有优异的性能参数。该产品专门为完成高速的搬运作业而设计开发，尤其适合智能的搬运、码垛、拆垛、包装、分拣等领域。

图 6-1　新松 SR 系列机器人

图 6-2　新松 SP 系列专用堆垛机器人

此外，新松还研发生产了多种机器人产品，包括工业清洁机器人、叉式搬运机器人等移动机器人，桁架机器人、核应急机器人等特种机器人，真空机械手等洁净机器人，用于防爆的协作机器人，智能助行器、下肢动力外骨骼机器人等医疗服务机器人。

巡检复合核应急机器人（图 6-3）是专门用于核设施、核事故现场的智能巡检与应急响应机器人。它集成了自主导航、辐射检测、图像识别、机械手操作等多种功能模块，底盘上搭载六自由度的电动机械臂、辐射剂量率探头和定制开发的工具，并配备耐辐照摄像头提供视觉支持，遥控操作完成狭小空间的清除障碍、开关门、开关电动阀门和手动阀门等动作，可在复杂辐射环境下进行持续工作。

"探龙"蛇形臂机器人（图 6-4）是一种大长径比、超冗余度柔索驱动机器人，该产品采用仿生学设计理念，外形模仿"蛇"设计，可以像"蛇"一样采用"末端跟随"方式运动，灵活穿梭在复杂狭窄的空间内。蛇形臂机器人末端可搭载各种工具，完成不同作业，关节最多可达 12 个，具有 24＋1 个自由度，可实现狭窄空间内探检测、抓取、焊接、喷涂、打磨、除尘等作业。该产品主要应用于核行业和航空航天领域，如热室内部辐照计量探测、核设施退役拆解、飞机油箱内多余物探测清除、航空发动机损伤探测等，解决了复杂狭窄空间内自动探测的技术难题，对核工业发展和国防安全具有重要意义。

图 6-3　新松巡检复合核应急机器人

图 6-4　新松"探龙"蛇形臂机器人

6.1.2　埃斯顿机器人

埃斯顿自动化股份有限公司（以下简称埃斯顿）是中国拥有完全自主核心技术的国产机器人主流上市公司之一，其通过推进机器人产品线"All Made By ESTUN"的战略，形成核心部件—工业机器人—机器人智能系统工程的全产业链竞争力，在新能源、焊接、金属加工、3C 电子、工程机械等行业拥有较大市场份额，在运动控制解决方案、焊接机器人和康复机器人等方面都已掌握了核心技术。

工业机器人产品线在公司自主核心部件的支撑下得到超高速发展，产品已经形成六轴通用工业机器人、四轴码垛机器人、SCARA 机器人、DELTA 机器人等系列，见图6-5～图 6-8。其通用六轴机器人负载范围覆盖 3～600 千克，具有 54 种以上的完整规格系列，负载和臂展规格多样。

图 6-5　埃斯顿大负载机器人

图 6-6　埃斯顿小负载机器人

 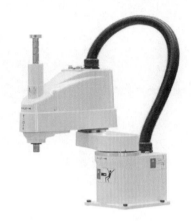

图 6-7　埃斯顿码垛机器人　　　　　　　　图 6-8　埃斯顿轻量型 SCARA 机器人

6.1.3　埃夫特机器人

　　埃夫特智能装备股份有限公司（以下简称埃夫特）是一家专注于工业机器人产业的高科技公司，于 2020 年在科创板块上市。埃夫特是国家首批专精特新"小巨人"企业，中国机器人产业联盟副理事长单位，是中国智能制造业百强企业之一。埃夫特先后牵头了包括国家 863 计划、国家重点研发计划在内的多项机器人领域的国家级科技攻关项目与课题。通过引进和吸收全球自动化领域的先进技术与经验，形成了从机器人核心零部件到机器人整机再到机器人高端系统集成领域的全产业链协同发展格局。

　　目前，埃夫特从事工业机器人核心零部件、整机、系统集成的研发、生产、销售。其中，核心零部件产品主要为控股子公司瑞博思生产的控制器和伺服驱动产品，主要用于埃夫特自主生产的工业机器人整机，不对外进行销售。在工业机器人整机领域，公司产品以关节型机器人为主，广泛应用于汽车零件部、金属制品、家用电器、陶瓷卫浴、3C 电子、食品饮料等诸多行业。公司整机产品分为轻型桌面型（负载小于 10 千克、自重小于 50 千克）、中小型（负载小于 80 千克、自重大于 50 千克）、大型（负载大于 80 千克），如图 6-9 所示。

6.1.4　华数机器人

　　华数机器人公司（以下简称华数）是武汉华中数控股份有限公司（以下简称华中数控）旗下的子公司，具备年产上万台工业机器人的生产能力。目前已掌握六大系列 40 多种规格机器人整机产品，在工业机器人控制器、伺服驱动、伺服电机和机器人本体方面实现了自主安全可控，形成自主知识产权 300 余项。

　　华数通用关节机器人（图 6-10），依托华中数控多年伺服控制的技术积累，使用自主研发的控制技术及高性能伺服电机，实现同级别机器人中的大臂展及大负载。采用高刚性手臂、先进伺服，运动速度快，重复定位精度高，运动半径大，适用于打磨、搬

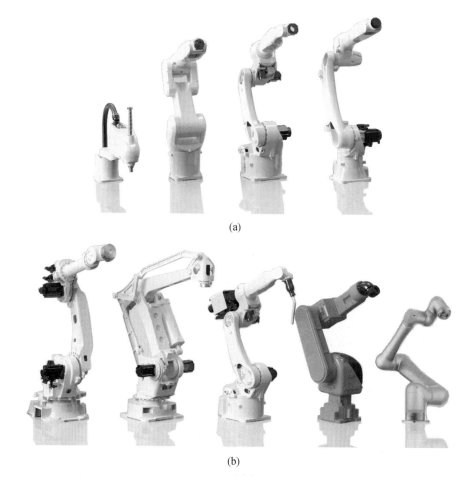

(a)

(b)

图 6-9　埃夫特机器人家族

运、焊等行业。华数并联机器人（图 6-11）适用于快速分拣排列或者装箱，集成智能视觉识别功能，具有良好的动态跟踪能力，能够满足大多数需要快速分拣的场景。

图 6-10　华数通用关节机器人

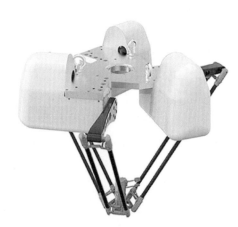

图 6-11　华数并联机器人

6.1.5　广数机器人

广州数控设备有限公司（以下简称广州数控）是国内成套机床数控系统供应商，被誉为"中国南方的数控产业基地"，面向数控机床行业、自动化控制领域、注塑制品行业，主要研发了机床控制系统、交流伺服驱动装置和伺服电机、主轴伺服驱动装置与主轴电机。自主研制并推广应用的工业机器人（简称广数机器人）主要有搬运机器人、焊接机器人、码垛机器人等。

GSK RB 系列搬运机器人（图 6-12）广泛应用于物流搬运、机床上下料、冲压自动化、装配、打磨、抛光等。广州数控"勤快的"中国机器人家族成员——RMD160 码垛机器人（图 6-13），采用四轴结构，更加节能，维修保养简便，拥有卓越的作业效率；因出色的外观设计，入围中国创新设计红星奖。

图 6-12　广数 GSK RB 系列搬运机器人　　　　　图 6-13　广数 RMD160 码垛机器人

6.1.6　大族机器人

深圳市大族机器人有限公司是由大族激光科技产业集团股份有限公司投资组建的控股子公司。大族机器人是在大族机器人研究院 100 多人的研发团队基础上"孵化"而成的国家高新技术企业和国家级专精特新"小巨人"企业。

围绕智能机器人业务，公司开发了机器人电机、伺服驱动器、机器人控制器、机器视觉等机器人核心功能部件，现已成功推出人机协作机器人 Elfin，精密直角坐标机器人，多感知智能机器人助手 MAiRA，多感知自动导航车 MAV、AGV、SCARA，移动操作机器人，复合机器人 STAR 等多种高性能机器人产品。

2016 年，第一代协作机器人 Elfin 发布。Elfin 系列产品根据末端负载及臂长的不同可分为 E03、E05、E05-L、E10、E10-L、E15 共 6 种。2020 年 12 月，第二代产品 Elfin-p 系列协作机器人发布。如图 6-14 所示为 Elfin 系列协作机器人，具有更高的精度、更强的防护等级，保障了其在复杂的工作环境中的应用自如。MAiRA 多感知智能机器人助手作为第一台真正意义上的智能七轴协作机器人（图 6-15），高度集成新型的

图 6-14   大族 Elfin 系列协作机器人

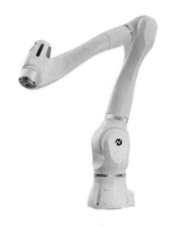

图 6-15   大族 MAiRA 多感知智能机器人助手

传感器，完美实现前所未有的人工智能集成，引领协作机器人步入智能时代。

2021 年 12 月，大族机器人中国团队与德国子公司——Neura Robotics 团队联合开发的全新移动机器人产品 MAV（multi-sensing autonomous vehicle，多感知自动导航车）在"2021 中国移动机器人（AGV/AMR）行业发展年会"上正式亮相，具备视觉、听觉、触觉等多重感知，进一步突破人与机器之间的界限，使人与机器的联系更加紧密。

2022 年，大族机器人再攀科技高峰，开发出 STAR-L 防疫酒店送餐机器人，一次可送 40 盒饭菜，兼具更大配送容量与智能无人配送等优势，产品已在众多城市成功落地，快速成为继医务人员、社区工作者、志愿者等防疫队伍之后的又一支"生力军"。

6.1.7   博实机器人

1997 年，哈尔滨工业大学机器人研究所邓喜军、张玉春、王春钢等科研骨干，联合社会各界 26 个自然人，共同发起创办了高科技企业——哈尔滨博实自动化设备有限责任公司，之后用 17 年时间成功完成了创新三级跳。

如今，博实公司主要机器人产品有码垛机器人、冶炼机器人、并联机器人等，广泛应用于化工、冶金、环保、材料、物流等领域。2023 年，博实股份与哈尔滨工业大学签订《战略合作框架协议》，共同设立人形机器人关键技术及原理样机产业化研发项目，并在未来共同推进相关技术成果和产品的产业化。

博实并联机器人（图 6-16）通过示教编程或集成视觉系统捕捉目标物体，利用出色的高速运动特性实现对小型轻质产品高精度的快速拾取、分拣、装箱、搬运及加工装配等操作，其体积小、重量轻、运动速度快、定位精度高，承载能力强、刚度大，自重负荷比小，动态性能好。

博实四轴码垛机器人（图 6-17）采用四轴结构，从输送机上抓取料袋，按照预定的码放方式，将料袋逐个逐层码放在托盘上，最后将码好的满垛输出。该码垛机器人结构简单，占地面积小，具有灵活的设备布置方式，适用于各种包装料袋的码垛需求，可同时对多种包装料袋进行码垛，具有智能分拣功能。

图 6-16　博实并联机器人

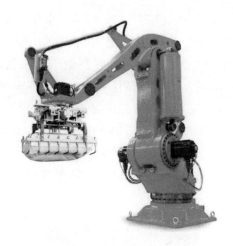

图 6-17　博实四轴码垛机器人

6.1.8　阿童木机器人

阿童木机器人是辰星（天津）自动化设备有限公司自创的品牌，作为国产自主品牌，以"技术解放双手"为使命，从 2013 年进入机器人领域，先后推出 60 余款全自主知识产权的 D2、D3、D4、D5、S6 全系列高速并联机器人，7 款高速 SCARA 机器人，以及驱控一体机、视觉系统等产品，其自主研发和制造的轻型高速并联机器人在全国细分市场连续四年排位国产自主品牌第一名。2023 年，阿童木驱控一体机器人荣获"2023 年度创新产品奖"。

D2 系列并联机器人（图 6-18）是针对轻型物料的平面搬运和装配作业需求量身打造的二自由度高速并联机器人，采用了特殊的平面并联机构设计，实现低成本平面高速运动，无须配备视觉设备，依靠传感器定位完成平面作业。

D3PM 系列高速并联机器人（图 6-19）构型为 3+1 轴，具有沿三维空间 XYZ 轴平动和绕 Z 轴旋转的功能特点，通过搭配高精度机器视觉系统，具有高速度、高精度、高稳定性、重负载等特点，适于食品、医药等行业，轻小散乱物料的装配、搬运、分拣等高速生产作业。

图 6-18　阿童木 D2 系列并联机器人

图 6-19　阿童木 D3PM 系列高速并联机器人

S6 并联机器人（图 6-20）采用经典的 STEWART 并联机构，轻松实现空间六自由度运动，负载可达到 3000 千克，在 300 毫米/秒运动速度下，重复定位精度位置可达±0.05 毫米，满足了客户追求高精度和大负载的需求，非常适合实验室、航空航天等行业的高精度测试作业，主要用于各种物料的装配和动作模拟等。

ST 系列 SCARA 机器人（图 6-21）是阿童木机器人针对高速度、高精度分拣环节所开发的平面关节机器人。机械臂和减速机采用一体式设计，并采用独特齿形，在提供大负载和高转速支持的同时，极大缩小了机械臂的体积，配合高速电机的使用，分拣速度最高可达每分钟 220 个，重复定位精度±0.02 毫米。

图 6-20　S6 并联机器人

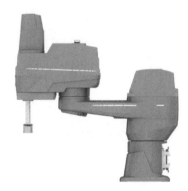

图 6-21　ST 系列 SCARA 机器人

6.2　国外著名工业机器人品牌和公司

目前，国际上的工业机器人公司主要分为欧系和日系。欧系中主要有瑞士的 ABB、德国的库卡（KUKA）、丹麦的 UR、英国的 Autotech Robotics 等。日系中主要有安川、发那科、NACHI、三菱等。

6.2.1　ABB 机器人

ABB 是全球四大工业机器人家族之一，由瑞典的阿西亚公司（ASEA）和瑞士的布朗勃法瑞公司（BBC Brown Boveri）在 1988 年合并而成，其产品具有高速度和高精度等特点，在工业机器人领域享有很高的声誉。

ABB 机器人的产品主要包括六轴工业机器人（图 6-22）、协作机器人、物流/搬运机器人、轨道式机器人等。

ABB 于 1969 年售出全球第一台喷涂机器人，于 1974 年发明了世界上第一台电动工业机器人，2009 年发布了当时全球精度最高、速度最快的六轴小型机器人 IRB120，2011 年发布当时全球速度最快的码垛机器人 IRB460，2015 年正式推出全球首款协作机器人 YuMi（图 6-23），该机器人通过将人类独有的适应变化能力与机器人不知疲倦地完成精密、重复性任务的耐力相结合，开创了人类与机器人安全、高效地并肩工作的新纪元。

图 6-22　ABB 六轴工业机器人　　　　　　　图 6-23　ABB YuMi 协作机器人

6.2.2　库卡机器人

库卡（KUKA）机器人是全球四大工业机器人家族之一，中国家电企业美的集团在 2017 年 1 月收购了库卡 94.55% 的股权。

作为机器人技术的专家，库卡机器人种类齐全，几乎涵盖了所有负载范围和类型，并确立了人机协作领域的标准。库卡提供的机器人包括不同载荷、不同类型的多轴机器人、协作机器人、相机安装机器人、激光切割机器人和涂装机器人，以及 Delta 机器人、SCARA 机器人、移动机器人等。库卡机器人主要用于点焊和弧焊、物料搬运、加工、材料处理、机床上下料、装配、包装、堆垛、表面修整等工作。大多数的库卡机器人都是橙黄色或者黑色，前者鲜明地代表了公司主色调。

库卡可以提供负载量从 3～1300 千克的标准工业六轴机器人以及一些特殊应用机器人，机械臂工作半径从 635～3900 毫米，全部由一个基于工业 PC 平台的控制器控制，操作系统采用 Windows XP 系统。库卡以其在机器人本体结构和易用性方面的创新而闻名，尤其在重负载机器人领域，库卡的市场份额领先，其中，在重载 400 千克和 600 千克机器人中，库卡销量是最多的。

1973 年，库卡建成全球第一台六轴机电驱动的工业机器人 FAMULUS。2007 年，库卡"Titan"作为当时最强大的六轴工业机器人（图 6-24），被计入吉尼斯纪录。2010 年，KR QUANTEC 系列工业机器人填补了机器人家庭中载重 90～300 千克、工作范围达 3100 毫米这一部分的空白。2012 年小型机器人系列 KR AGILUS 上市。KR 40 PA 码垛机器人（图 6-25）专为货盘码垛任务进行了改进，它以 56 次/分的速度循环作业，具有纤细的底座和很小的占地面积，拥有最大 2091 毫米的作业范围，四轴运动系统使其托盘堆叠高度可达 1.8 米。KR QUANTEC nano 是该系列中结构紧凑、重量轻的机器人，可向后旋转的第三轴拥有更大的工作范围，因此在狭小的空间内也可自如作业，特别适合用于点焊、电极修磨等作业（图 6-26）。

LBR iiwa 是库卡第一款量产的灵敏型轻型机器人（图 6-27），也是具有人机协作能力的工业机器人。LBR 表示"轻型机器人"，iiwa 则表示"intelligent industrial work assistant"，即智能型工业作业助手。由此实现人类与机器人之间的直接合作，以完成高灵敏度需求的任务。

图 6-24　库卡 "Titan" 机器人

图 6-25　库卡 KR 40 PA 码垛机器人

图 6-26　库卡 KR QUANTEC nano 系列机器人

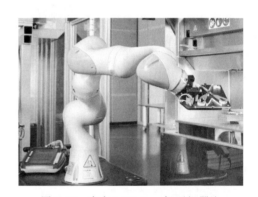

图 6-27　库卡 LBR iiwa 轻型机器人

6.2.3　安川机器人

安川公司（YASKAWA）是全球四大机器人家族之一，是日本最大的工业机器人公司，产品涉及运动控制器、伺服驱动器、变频器、工业机器人，是典型的综合型机器人企业。于 1977 年推出了首款全电动工业机器人 "MOTOMAN"（莫托曼）一号机。安川公司是运动控制领域专业的生产厂商，是日本第一家做伺服电机的公司，其产品以稳定快速著称，性价比高，其交流伺服电机和变频器市场份额位居全球第一，奠定了其工业机器人制造的技术基础。安川公司可以把电机的惯量做到最大化，所以安川公司生产的机器人最大的特点就是负载大、稳定性好，在满负载、满速度运行的过程中不会报警，甚至能够过载运行。因此安川公司在重负载的机器人应用领域，比如汽车行业，市场是相对较大的。

安川公司的工业机器人产品主要有通用六轴工业机器人（图 6-28）、SCARA 机器人、协作机器人、并联机器人、点焊机器人、弧焊机器人、码垛机器人（图 6-29），还包括 LCD 玻璃板传输机器人和半导体芯片传输机器人等，是将工业机器人应用到半导体生产领域最早的厂商之一。工业用小型六轴机器人 MotoMINI（图 6-30）具有小型轻量、高速、高精度的特点，易于改变放置位置，实现了人机协同分担操作等高度自由，用于小部件的组装、操作等。MotoMINI 是为中国市场独特的 3C 行业开发的超小型机器人，实现了小型便携式机器人生产和加工小型产品的可能性。MOTOMAN-SDA 系列是模仿人类外形的双臂机器人（图 6-31），同时运用两条和人体手臂类似的七轴关节机械臂，可代替需要手工进行的复杂作业，单独一台机器人即可实现自动化生产。

图 6-28　安川六轴工业机器人

图 6-29　安川码垛机器人

图 6-30　安川 MotoMINI 机器人

图 6-31　安川 MOTOMAN-SDA 双臂机器人

6.2.4　发那科机器人

发那科（FANUC）是全球四大工业机器人家族之一，是一家全球性的工业机器人制造商。发那科机器人产品系列多达 240 余种，以其高精度的数控系统和工业机器人而知名，尤其在轻负载、高精度应用场合中表现卓越，主要工业机器人包括六轴机器人、SCARA 机器人、轨道机器人、协作机器人、Delta 机器人、自主移动机器人等多种类型，负载从 0.5～2300 千克。

自 1974 年发那科首台机器人问世以来，发那科就始终致力于机器人技术上的创新，是世界上最早由机器人来做机器人的公司。1977 年，发那科第一代机器人 ROBOT-MODEL1 开始量产。2010 年，发那科推出当时世界上最大的六轴工业机器人 M-2000iA（图 6-32），其最大可搬运质量达到了 2300 千克，能够做到快、准、稳地移动大型物体。同年，推出 FANUC P-50i 紧凑型涂装机器人，适用于一般工业喷涂，也适用于晶体涂覆和涂胶。2015 年，发那科推出一款协作机器人 Robot CR-35iA，其负载达到 35 千克，是当时世界上负载最大的协作机器人。M-1iA/0.5AL 是一款轻量、紧凑的并联机器人（图 6-33），采用六轴结构，并设计有平行连杆结构，可以实现各种方向的安装，并配有适应复杂装配作业的三轴手腕，非常灵活。

 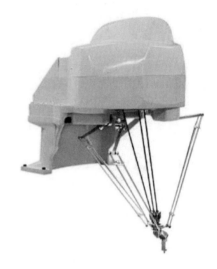

图 6-32　发那科 M-2000iA 多用途大型机器人　　　图 6-33　发那科 M-1iA/0.5AL 并联机器人

6.2.5　爱普生机器人

爱普生（EPSON）机器人是源自日本的机器人制造公司，隶属于爱普生集团。其机器人产品主要有六轴工业机器人、三轴或四轴紧凑型 SCARA 机器人、SCARA＋机器人等。

SCARA 机器人系列有 300 多个机型，具有高速、高精度的重复定位能力，适用于装配、包装、压合和物料搬运等各种应用场景。SCARA＋机器人（图 6-34）与普通的 SCARA 机器人不同之处是，第二轴的位置是可移动的，也就是臂长是可变的，因而能够在整个工作区移动。这样在工作范围和速度上具有独特优势，还具有较高精度定位能力。爱普生 RS 系列 SCARA＋机器人的重复定位精度低至 0.010 毫米，循环时间缩短至 0.339 秒，可以同时实现高速和高精度的操作。

2016 年，爱普生研发了新型折叠手臂六轴机器人（图 6-35），相比传统机器人节省了约 40% 的空间，结构更加紧凑，结合了 SCARA 机器人的拱形动作和六轴机器人的自由度，以最短距离到达目标，相比传统机型提高了约 30% 的循环时间；减少了第一关节的无用运动，自由布局设置让机器人在狭小的空间内能够执行多种作业。

图 6-34　爱普生 SCARA＋机器人

图 6-35　爱普生折叠手臂机器人

6.2.6　优傲机器人

优傲机器人（universal robots，UR）是一家源自丹麦的机器人制造公司，成立于 2005 年，其机器人产品采用了先进的控制技术和传感器技术，以实现安全灵活的协作工作，满足各种不同的应用需求，广泛应用于工业自动化、医疗保健、教育科研等领域。公司主要产品有 UR3、UR5、UR10、UR16e 协作机器人（图 6-36），以及最新的 UR30；产品还涉及机器人配件，包括电动夹爪、视觉传感器、力矩传感器等。

图 6-36　优傲 UR 系列协作机器人

UR3e 是一款精巧、轻巧的协作机器人，适用于轻型装配、包装、搬运和品质检测等任务，能够在限定空间内进行高度精确的操作。UR5e 是一款中等大小的协作机器人，适用于中等负载的工业应用。UR10e 是一款大型协作机器人，有较大的有效负载能力，达到 10 千克，非常适合处理较大的工件或完成更复杂的任务。UR16e 专为重型任务所设计，它可处理 16 千克的有效载荷，并且可一次拾取多个零件，从而通过缩短循环时间来提升工作效率。

协作机器人 UR30 为大负载、紧凑型，可在协作环境中搬运重型负载，同时占地面积紧凑。该机器人的举升能力为 30 千克，工作半径为 1300 毫米，可以搬运大型机器、码垛重型产品，并可用于大扭矩拧紧。

6.2.7　NACHI 机器人

NACHI（那智不二越，Nachi Robotics Systems）是一家位于日本的工业机器人制造公司，成立于 1969 年。NACHI 专业做大型的搬运机器人、点焊和弧焊机器人、涂胶机器人、无尘室用 LCD 玻璃板传输机器人和半导体晶片传输机器人、高温等恶劣环境中用的专用机器人，以及与精密机器配套的机器人和机械手臂等，见图 6-37～图 6-40。NACHI 的机器人具有高精度、高负载能力、低噪声和低振动等特点。六轴工业机器人系列采用了高质量零部件和电机技术，实现高精度运动和精确控制，具有灵活的工作半径和多种操作能力。SCARA 机器人系列采用了先进的控制技术和传感器技术，可实现高效的自动化生产和精密的定位操作。

图 6-37　NACHI 轻量紧凑型机器人

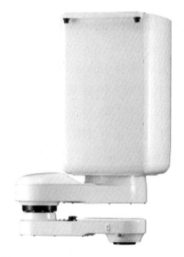

图 6-38　NACHI 水平多关节机器人

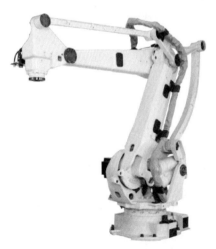

图 6-39　NACHI 四轴码垛机器人

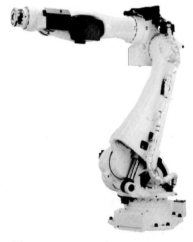

图 6-40　NACHI 高速点焊机器人

6.2.8　现代重工机器人

现代重工（HYUNDAI）是韩国的公司，从 1984 年开始自主研发工业机器人，汽车用工业机器人是现代重工采用前沿科技的主力产品，并开发了独有机型。现代重工目前生产的工业机器人产品分垂直多关节工业机器人和液晶面板搬运机器人两大系列。垂直多关节工业机器人现在有 20 多种在售机型，负载能力从 6～500 千克（图 6-41）。液晶面板搬运机器人（图 6-42）是现代重工在 2000 年独立研发的电子产业领域的搬运机器人，可以在做直线运动和连续动作时无晃动，根据液晶面板的大小现在有 4 代、5 代、6 代、8 代等 10 多种机型，在全球市场中占有重要的比重。目前正在研发 10 代以上的超大型液晶面板机器人。

 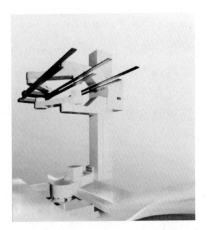

图 6-41　现代重工垂直多关节工业机器人　　　　图 6-42　现代重工液晶面板搬运机器人

6.2.9　史陶比尔机器人

史陶比尔（Staubli）成立于 1892 年，是一家瑞士机电一体化公司，1989 年，它收购了美国机器人公司 Unimation。史陶比尔机器人的产品系列包括六轴工业机器人、SCARA 机器人、协作机器人、移动机器人系统和 AGV 自动引导车系统。

如图 6-43 所示为史陶比尔的 TP80 快速拾放机器人，1 分钟拾放摆动近 200 次，误差可以在 0.05 毫米以内。TP80 快速拾放机器人是世界上唯一的洁净拾放机器人，这是一款速度极快的机器人，专为处理小型、轻型零件（小于 1 千克）的操作而设计。

如图 6-44 所示为 TX2 系列六轴机器人，具有高定位精度、高速特点，以及紧凑的设计，流线型的外形设计兼容了净室的需求；手臂采用全封闭的结构，没有多余的外部线缆或气管，所有电气及通信均为内部走线；连接部分可以根据要求隐藏在机器人基座下方，避免死角，树立了现代卫生设计标杆，为生命科学、食品、制药、光伏等敏感环境提供了适用的机器人。

图 6-43　史陶比尔 TP80 快速拾放机器人

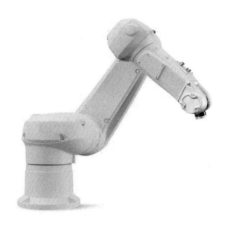

图 6-44　史陶比尔 TX2 系列六轴机器人

如图 6-45 所示的史陶比尔 TS2 系列 SCARA 机器人，采用卓越的 JCS 驱动技术和模块化设计，实现了全封闭外壳和内部走线，凭借高度卫生设计，适应新的应用领域。TS2 四轴机器人系列的封闭式结构确保机器人可以抵抗恶劣环境，也简化了敏感环境中的集成。此外，这种全封闭式设计无不规则轮廓，无须外部走线，满足了非常严苛的卫生需求，同时确保了优异的工具连通性。

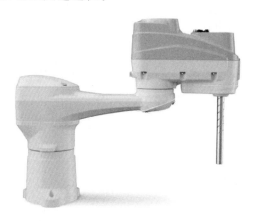

图 6-45　史陶比尔 TS2 系列 SCARA 机器人

6.2.10　柯马机器人

柯马（COMAU）是一家隶属于菲亚特集团的全球化企业。早在 1978 年，柯马公司便研发并制造了第一台机器人 POLAR HYDRAULIC。柯马公司研发的全系列机器人产品，负载范围最小可至 6 千克，最大可达 800 千克。如图 6-46 所示的柯马机器人 PAL-470-3.1 可负载 470 千克，臂展 3100 毫米，重复定位精度 0.15 毫米，专门为码垛、搬运和高速操作设计。柯马公司新一代 SMART 系列机器人是针对点焊、弧焊、搬运、压机自动连线、铸造、涂胶、组装和切割的 SMART 自动化应用方案的技术核心，其"中空腕"机器人 NJ4（图 6-47）解决了机器人的管线内置，使得所有焊枪的电缆和信号线都能穿行在机器人内部，保证了机器人灵活性、穿透性和适应性，在点焊领域具有无与伦比的技术优势。

图 6-46　柯马机器人 PAL-470-3.1

图 6-47　柯马"中空腕"机器人 NJ4

6.2.11　川崎机器人

川崎重工（Kawasaki）于 1969 年制造出日本首台工业机器人"川崎 Unimate2000型（机械手）"，标志着工业机器人商业量产的开始。川崎公司作为工业机器人制造商的先驱者，面向汽车、电机、电子等行业开发产品，主要有通用六轴机器人（图 6-48）、协作机器人、500 千克码垛机器人（图 6-49）、焊接机器人、喷涂机器人等高质量、高性能的机器人，广泛应用于焊接、组装与搬运、涂装、码垛等工业场景。

图 6-48　川崎通用六轴机器人

图 6-49　川崎 500 千克码垛机器人

如图 6-50 所示的川崎协作型双臂水平多关节机器人 duAro，具有两条手臂，可以实现与人类一样的动作，从事快餐装盘、洗碗、化妆品包装等作业，可以和人类在同一空间内进行共同作业；上下方向的行程可到 550 毫米，可对很深的箱子进行封箱作业。

图 6-50　川崎协作型双臂水平多关节机器人 duAro

参 考 文 献

[1] 张涛. 机器人概论 [M]. 北京：机械工业出版社，2019.

[2] 李云江，司文慧. 机器人概论 [M]. 2 版. 北京：机械工业出版社，2016.

[3] 李云江，司文慧. 机器人概论 [M]. 3 版. 北京：机械工业出版社，2021.

[4] 中国电子学会. 机器人简史 [M]. 2 版. 北京：电子工业出版社，2017.

[5] 张玫，邱钊鹏，诸刚. 机器人技术 [M]. 北京：机械工业出版社，2016.

[6] 徐丽明. 生物生产系统机器人 [M]. 北京：中国农业大学出版社，2009.

[7] 蔡自兴. 机器人学基础 [M]. 北京：机械工业出版社，2009.

[8] 谢存禧. 机器人技术及其应用 [M]. 北京：机械工业出版社，2012.

[9] 董春利. 机器人应用技术 [M]. 北京：机械工业出版社，2014.

[10] 王大伟. 工业机器人应用基础 [M]. 北京：化学工业出版社，2018.

[11] 谷明信，赵华君，董天平. 服务机器人技术及应用 [M]. 成都：西南交通大学出版社，2019.

[12] 任嘉卉，刘念荫. 形形色色的机器人 [M]. 北京：科学出版社，2005.

[13] 罗均，谢少荣，翟宇毅，等. 特种机器人 [M]. 北京：化学工业出版社，2006.

[14] 许兆棠，刘远伟，陈小岗，等. 并联机器人 [M]. 北京：机械工业出版社，2021.

[15] 李新德，朱博，谈英姿. 机器人感知技术 [M]. 北京：机械工业出版社，2023.

[16] 朱洪前. 工业机器人技术 [M]. 北京：机械工业出版社，2019.

[17] 戴凤智，乔栋. 工业机器人技术基础及其应用 [M]. 北京：机械工业出版社，2020.

[18] 郭洪红，等. 工业机器人技术 [M]. 西安：西安电子科技大学出版社，2006.

[19] 熊有伦，等. 机器人技术基础 [M]. 武汉：华中理工大学出版社，1996.

[20] 刘文波，陈白宇，段智敏. 工业机器人 [M]. 沈阳：东北大学出版社，2007.

[21] 陈恳，杨向东，刘莉，等. 机器人技术与应用 [M]. 北京：清华大学出版社，2006.

[22] 陈晓东. 警用机器人 [M]. 北京：科学出版社，2008.

[23] 罗庆生，韩宝玲，等. 现代仿生机器人设计 [M]. 北京：电子工业出版社，2008.

[24] 黄俊杰，张元良，闫勇刚. 机器人技术基础 [M]. 武汉：华中科技大学出版社，2018.

[25] 殷际英，何广平. 关节型机器人 [M]. 北京：化学工业出版社，2003.

[26] 曹其新，张蕾. 轮式自主移动机器人 [M]. 上海：上海交通大学出版社，2012.

[27] 张冲. 传感器在机器人领域的应用研究 [J]. 机器人产业，2023（06）：49-52.

[28] 王田苗，陶永. 我国工业机器人技术现状与产业化发展战略 [J]. 机械工程学报，2014，50（09）：1-13.

[29] 黎显伟. 码垛机器人的分类及应用 [J]. 机械，2018，45（03）：29-34，42.

[30] 霍厚志，张号，杜启恒，等. 我国焊接机器人应用现状与技术发展趋势 [J]. 焊管，2017，40（02）：36-42，45.

[31] 孙波. 移动机器人在工业大数据采集中不可替代 [J]. 机器人产业，2023，（05）：56-58.

[32] 师树谦，王亚磊. 农业机器人技术现状与发展趋势 [J]. 新疆农机化，2023，（03）：12-16.

[33] 傅雷扬，李绍稳，张乐，等. 田间除草机器人研究进展综述 [J]. 机器人，2021，43（06）：751-768.

[34] 胡炼，刘海龙，何杰，等. 智能除草机器人研究现状与展望 [J]. 华南农业大学学报，2023，44（01）：34-42.

[35] 朱志浩，石斌，王晶. 脑瘫步态康复机器人研究进展 [J]. 机器人，2023，45（05）：626-640.

[36] 隗麒轩，何思佳，黄雨青，等. 下肢康复机器人的发展及其应用进展 [J]. 中西医结合心脑血管病杂志，2021，19（12）：2035-2037.

［37］　程洪，黄瑞，邱静，等. 康复机器人及其临床应用综述［J］. 机器人，2021，43（05）：606-619.

［38］　段星光. 医疗机器人核心技术及产业发展［J］. 机器人产业，2023（04）：1-4.

［39］　徐玉如，李彭超. 水下机器人发展趋势［J］. 自然杂志，2011，33（03）：125-132.

［40］　李硕，刘健，徐会希，等. 我国深海自主水下机器人的研究现状［J］. 中国科学：信息科学，2018，48（9）：1152-1164.

［41］　张元开. 当前小型仿生扑翼飞行机器人研究综述［J］. 北方工业大学学报，2018，30（02）：57-66.

［42］　丁希仑，高海波，黄攀峰，等. 蓬勃发展的空间机器人技术与应用［J］. 机器人，2022，44（01）：1.

［43］　陈逸锋，周世超，李燊，等. 四足机器人行走系统研究综述［J］. 机器人产业，2023（04）：29-39.

［44］　朱秋国，熊蓉. 人形机器人技术现状及场景应用思考［J］. 机器人产业，2023（04）：14-19.

［45］　李文忠，张超，张付祥，等. 成捆圆钢端面标牌自动焊接系统的研究［J］. 机床与液压，2023，51（03）：120-124.